W0256108

DIE REKLAME DES MASCHINENBAUES

VON

GEORG v. HANFFSTENGEL
A. O. PROFESSOR AN DER TECHNISCHEN HOCHSCHULE
CHARLOTTENBURG

MIT ZAHLREICHEN, ZUM TEIL
FARBIGEN ABBILDUNGEN

1 9 2 3

VERLAG VON JULIUS SPRINGER · BERLIN

ISBN-13:978-3-642-90507-0 e-ISBN-13:978-3-642-92364-7
DOI: 10.1007/978-3-642-92364-7

SOFTCOVER REPRINT OF THE HARDCOVER 1ST EDITION 1923

VORWORT UND EINLEITUNG

Das Buch wendet sich in erster Reihe an die leitenden Persönlichkeiten in der Maschinenindustrie. Es will zeigen, welche Bedeutung die bisher sehr stiefmütterlich behandelte Werbetätigkeit für ein Unternehmen hat, welche Hilfsmittel für die Kundenwerbung zur Verfügung stehen, und wie aus den hierfür ausgesetzten Beträgen der höchste Nutzen gezogen werden kann. Der Werbung, wie sie heute von den meisten Fabriken gehandhabt wird, fehlt nicht nur ein wohldurchdachter Plan, ohne den ein durchschlagender Erfolg unmöglich ist, sondern die einzelnen Maßnahmen werden auch durchweg in wenig wirksamer Weise ausgeführt, so daß mit den großen Summen, die jährlich für Werbezwecke ausgegeben werden, nicht angenähert das erreicht wird, was erreicht werden könnte.

Ich will keineswegs einer allgemeinen Erhöhung der Werbeausgaben das Wort reden, sondern wünsche zunächst nur für eine bessere Verwendung der ausgesetzten Mittel zu wirken; kommt man dahin, daß mit 1000 Mark die doppelte Wirkung erreicht wird wie vorher, so ist keine Erhöhung notwendig, vielmehr lassen sich, wenn die bisherige Reklamewirkung genügte, die Ausgaben AUF DIE HÄLFTE HERUNTERSETZEN.

Eine richtig und geschickt durchgeführte Werbetätigkeit kann aber auch weiterhin entscheidenden Einfluß auf die Fabrikation des Werkes und die Abgrenzung seines Arbeitsgebietes haben, weil durch sie ein bestimmtes lohnendes Erzeugnis in den Vordergrund geschoben und ihm ein solcher Absatz gesichert werden kann, daß es möglich ist, das Werk zu spezialisieren und minder lohnende Gegenstände ganz fallen zu lassen. Mit der Aufgabe dieser Fabrikationsgebiete entfallen dann außer sonstigen Unkosten auch die bisher dafür aufgewendeten Werbeausgaben. Den heute gerade in der Maschinenindustrie im Vordergrunde stehenden, auf Spezialisierung und Normung gerichteten Bestrebungen erwächst daher in der Reklame eine starke Helferin.

MAN GEWÖHNE SICH ALSO DARAN, DIE REKLAME NICHT ALS EINE MEHR ODER MINDER LÄSTIGE ZUTAT, ALS EIN „NOTWENDIGES ÜBEL" ANZUSEHEN, SONDERN SIE ALS EIN NEBEN DER TECHNISCHEN UND KAUFMÄNNISCHEN ARBEIT GLEICHBERECHTIGT DASTEHENDES, UNENTBEHRLICHES ELEMENT DES GESCHÄFTSBETRIEBES ZU WÜRDIGEN.

Wo die Reklame zu einer geachteten Stellung emporsteigt, verschwinden von selbst gewisse unerfreuliche Erscheinungen, die ihr heute noch anhaften und ihr manche Feindschaft zuziehen, denn man wird ihre Bedeutung immer mehr NICHT IM LÄRMMACHEN, SONDERN IN DER SACHLICHEN AUFKLÄRUNG suchen.

Die zur Durchführung einer sachgemäßen Reklame notwendigen Maßnahmen habe ich auf Grund langer Erfahrungen und Studien so ausführlich behandelt, daß nicht nur der Leiter des Unternehmens in dem Buche allgemeine Richtlinien findet, sondern auch dem von ihm beauftragten Leiter der Reklamegeschäfte für jeden Fall die erforderlichen Winke gegeben sind, wie er die gestellten Aufgaben am besten PRAKTISCH löst. Angesichts des hohen Lehrgeldes, das von den meisten Firmen gezahlt wird, bis dieser Beamte die nötigen Kenntnisse und Erfahrungen erwirbt, hoffe ich hiermit der Maschinenindustrie einen Dienst erwiesen zu haben.

Ich hoffe aber, daß mein Buch über den Kreis der Maschinenfabriken hinaus überall Beachtung finden wird, wo man sich für Werbetätigkeit überhaupt interessiert, denn naturgemäß läßt sich das meiste, was hier gesagt ist, auf andere Geschäftzweige übertragen. Es wäre mein besonderer Wunsch, daß auch Studierende und jüngere Ingenieure oder Techniker, namentlich solche mit schriftstellerischer und künstlerischer Begabung, durch das Buch angeregt würden, in die Werbewissenschaft einzudringen und auf diesem neuen Wege ihr Vorwärtskommen zu suchen.

Nicht unterlassen will ich, an dieser Stelle besonders auf die neuen Möglichkeiten hinzuweisen, die sich aus der Papiernormung und aus den Arbeiten der Technisch-Wissenschaftlichen Lehrmittelzentrale für die Werbung ergeben. Auch die Benutzung der Internationalen Dezimal-Klassifikation kann dazu beitragen, den Wert der Werbeschriften und Anzeigen zu erhöhen. Ihrer Wichtigkeit wegen sind diese Fragen in einem Anhang (S. 141) zusammenhängend erörtert.

CHARLOTTENBURG, IM JANUAR 1923
AHORNALLEE 50

G. v. HANFFSTENGEL

INHALTSVERZEICHNIS

ERSTER ABSCHNITT

ALLGEMEINE GRUNDLAGEN UND RICHTLINIEN

1. HEUTIGE BEHANDLUNG DER WERBETÄTIGKEIT

Eine gesunde, sorgfältig gehandhabte Reklame bildet eine notwendige Ergänzung der kaufmännischen und technischen Arbeit in industriellen Betrieben.

Trotzdem wird die Werbung heute in den allermeisten Fällen noch als Stiefkind behandelt. Niemand wird für verantwortliche technische Arbeit einen Mann anstellen, der nicht allgemeine technische Ausbildung und Erfahrungen in dem Fache besitzt; ebensowenig für verantwortliche kaufmännische Arbeit einen Beamten, der nicht die kaufmännischen Lehrjahre durchgemacht hat und in dem betreffenden Geschäftzweig praktisch tätig war. Für die Bearbeitung der Reklame aber stellt man solche Ansprüche nicht. Namentlich gilt dies von Industrien, wie der Maschinenindustrie, die sich nicht an das breiteste Publikum wenden.

Ein einziger Blick in den Anzeigenteil irgendeiner größeren technischen Zeitschrift beweist das. Man findet ein wirres Durcheinander von Anzeigen, von denen nur ganz wenige gut sind, d. h. ihren Zweck in bestmöglicher Weise erfüllen, einige immerhin noch eine gewisse Originalität, einen bestimmten Gedanken aufweisen, weitaus die größte Mehrzahl aber charakterlos sind und das Zeichen einer ganz zufälligen Entstehung an der Stirn tragen. Der Vorgang ist gewöhnlich der, daß eine leitende Persönlichkeit bestimmt, was angezeigt werden soll, ein Unterbeamter die Anzeige aufsetzt und der Setzer Abbildung und Text dann nach seinem Gutdünken in den von der Firma belegten Raum hineinpreßt. Der Berichtigungsabzug der Anzeige gefällt oder gefällt nicht — jedenfalls ist selten jemand da, der Zeit und Verständnis genug hat, um zu sagen, wo der Fehler liegt, und was besser gemacht werden kann. Es kommt also ein Zufallserzeugnis zustande, das immer wiederholt und teuer bezahlt wird, und das einer Änderung nur unterliegt, wenn die Firma einen neu aufgenommenen Gegenstand anzeigen will.

Ich glaube nicht zu niedrig zu greifen, wenn ich annehme, daß bei einem Anzeigenauftrage im Betrage von 100 000 Mark im Durchschnitt wohl schwerlich mehr als 1000 Mark an Arbeitzeit für den Entwurf aufgewandt werden.

Daß diese unerfreulichen Zustände — in Amerika und England sind sie etwas, wenn auch nicht viel besser als auf dem europäischen Festlande — sich überall rasch und vollständig beseitigen ließen, darf nicht erwartet werden; denn es gehört dazu, daß sich der Sinn für eine richtige Reklame bei allen Beteiligten, insbesondere der Technikerschaft, hebt, daß sich befähigte Persönlichkeiten auf dieses Fach verlegen und sich darin auszubilden suchen, und daß es gelingt, auch in Künstlerkreisen ein besseres Verständnis für die Bedürfnisse der mechanischen Industrie zu wecken. Die Zeitschriftenverleger müssen gleichfalls mittun.

Wohl kann im einzelnen Falle ein Werk auch heute schon die Leute finden, die ihm helfen, seine Werbearbeit so auszugestalten, daß sie im Verhältnis zum Erfolge billiger wird. Wenn aber allgemeine Erfolge und Fortschritte erzielt werden sollen, so gehört dazu, daß alle beteiligten Kreise sich mit einer gewissen Liebe und wissenschaftlichen Gründlichkeit mit den Zielen und Erfordernissen einer wirkungsvollen Reklame vertraut machen.

2. AUFGABEN DER WERBETÄTIGKEIT

Die Reklame muß sich stets dem Ziele unterordnen, Geld zu verdienen, eine Aufgabe, die ja auch jeder kaufmännischen und fast jeder technischen Handlung zugrunde liegt. Die NÄHEREN ZIELE sind mannigfacher Natur. Falls es sich um ein ganz neuartiges Erzeugnis handelt, muß zunächst ein Markt geschaffen, ein Bedürfnis geweckt werden. Dies ist die schwierigste, gleichzeitig aber auch lohnendste Aufgabe der Werbetätigkeit. Weit häufiger kommt der Fall vor, daß bestimmte Mittel, die zur Befriedigung eines VORHANDENEN Bedürfnisses geeignet sind, und ihre Vorzüge gegenüber Wettbewerbserzeugnissen dem Publikum bekannt gemacht werden sollen. Eine Ergänzung hierzu bildet das reine Einprägen des Namens eines Erzeugnisses oder der fabrizierenden Firma, losgelöst von sachlicher Belehrung. Durch diese letztere Maßnahme wird erreicht, daß das Publikum sich bei gelegentlich eintretendem Bedarf des Fabrikates erinnert, und daß es in einem solchen Falle von vornherein zu seinen Gunsten eingenommen ist, weil jeder dazu neigt, das vorzuziehen, was ihm — sei es auch nur dem Namen nach — am vertrautesten ist. Mit einem viel gehörten Namen verbindet sich im menschlichen Gehirn von selbst die Vorstellung von der Güte einer Ware oder der Vertrauenswürdigkeit einer Firma.

Das Wecken höherer Bedürfnisse und das Einschieben des Besseren an Stelle des Guten im Sinne des Fortschreitens der Zivilisation rechtfertigt sich ohne weiteres von selbst und wird von niemand beanstandet. Voraussetzung ist allerdings, daß eine angemessene Form gewahrt wird und Angriffe gegen andere Erzeugnisse unterbleiben. Nach einem ungeschriebenen Gesetz, das ziemlich allgemein anerkannt wird, ist es wohl zulässig, die Güte der eigenen Erzeugnisse ins rechte Licht zu setzen, nicht aber die fremden ausdrücklich anzugreifen, wenn auch jedes Hervorheben einer Ware schon die Unterstellung in sich schließt, daß die konkurrierende Ware entsprechende Nachteile aufweist. Es ist daher zu empfehlen, nicht von Vorzügen, sondern von „Eigenschaften" des angebotenen Gegenstandes zu sprechen. Damit wird jeder Schein eines Angriffes vermieden.

Das Einprägen oder „Einhämmern" eines Namens könnte allenfalls als ein minder vornehmes Mittel angesehen werden. Man bedenke aber, daß hierdurch nicht allein der Vertrieb der Erzeugnisse im Interesse des Herstellers unterstützt, sondern dem Kunden auch ein Dienst geleistet wird, denn es entlastet den vielbeschäftigten Industriellen außerordentlich, wenn er die Namen der für ihn wichtigen Bezugsquellen auf diese Weise mühelos dem Gedächtnis einprägen kann. Zu verwerfen ist das Mittel nur, wenn versucht wird, dadurch minderwertigen Waren zur Verbreitung zu verhelfen. In diesem Falle ist aber jede Art von Reklame verwerflich und erfahrungsgemäß auch unwirksam, wenn nicht in ganz großzügiger und skrupelloser Weise ein Werbefeldzug unternommen wird, der unter Umständen einen kurz dauernden Erfolg haben kann. Im folgenden sind derartige Versuche ganz ausgeschieden; es wird vorausgesetzt, daß es sich immer um eine Ware handelt, die wirkliche Vorzüge besitzt, mögen diese sich auch nur in bestimmten Anwendungsfällen geltend machen.

3. BESONDERE VERHÄLTNISSE IM MASCHINENBAU. SACHLICHKEIT

Im Maschinenbau und in den verwandten oder mit ihm Hand in Hand arbeitenden Industrien liegen die Verhältnisse deshalb anders als im gewöhnlichen kaufmännischen Verkehr, weil selten auf ein einziges Angebot gekauft wird, sondern regelmäßig, selbst bei kleinen Gegenständen, Wettbewerbsangebote eingeholt und meistens auch über die Ausführung längere Verhandlungen geführt werden. Es kommen also immer mehrere zu Worte, und jede Seite hat, besonders bei der mündlichen Verhandlung mit dem Käufer, reichlich Gelegenheit, die Eigenschaften der eigenen Erzeugnisse und die Gründe, weshalb die fremden sich in dem Falle etwa weniger eignen, ins richtige Licht zu setzen. Der Verkäufer hat es außerdem meist mit sachkundigen Ingenieuren zu tun, und es ist daher nicht so leicht möglich wie bei dem gewöhnlichen Kleinhandelsverkehr, einem Kunden eine Ware aufzudrängen, die sich für ihn nicht eignet. GRÜNDLICHE SACHLICHKEIT ist GANZ BESONDERS FÜR DIE MASCHINENINDUSTRIE die Vorbedingung einer wirksamen Werbetätigkeit. Es ist durchaus nicht immer ein Fehler, auch die schlechten Eigenschaften des eigenen Erzeugnisses — jede Konstruktion ist ja doch nur ein Kompromiß — von vornherein aufzudecken, schon weil man meistens sicher sein kann, daß der Wettbewerb es doch tun würde. Unter Umständen ist es sogar das allergeschickteste Mannöver, dem Gegner auf diese Weise von vornherein den Wind aus den Segeln zu nehmen. Dazu kommt, daß die Firma sich sehr viel unnötige Arbeit erspart, wenn sie von vornherein klarstellt, für welche Fälle ihre Erzeugnisse NICHT passen, denn sie entgeht dadurch unnützen Anfragen und Entwürfen, deren kostenlose Anfertigung den Maschinenfabriken in einem geradezu volkswirtschaftlich schädlichen Maße zugemutet wird. Besonders durch Vertretungen, die ja auch ein Mittel der Werbung bilden, wird zuweilen in dieser Hinsicht ein unheilvoller Einfluß ausgeübt, da der nicht sachkundige Vertreter wahllos jede Anfrage an sich reißen zu müssen glaubt und seinem Stammhaus durch beständiges Bestürmen um Angebote überflüssige Arbeit macht. Eine Firma, die, sei es durch ihre gedruckte Reklame, sei es durch ihre Vertreter, in unsachlicher Weise vorgeht, steht in Gefahr, sich das Vertrauen ihres Kundenkreises zu verscherzen und dem Wettbewerb in die Hände zu arbeiten.

Es ist eigentümlich, daß in manchen Köpfen die Vorstellung Wurzel geschlagen hat, als ob zur Werbetätigkeit in erster Linie Übertreibung, je gröber, desto besser, wenn nicht gar Lüge gehörte. Ich habe die verblüffendsten Erfolge im geschäftlichen Leben in solchen Fällen gesehen, wo der Verkäufer sich entschloß, die volle ungeschminkte Wahrheit zu sagen. Ein Teil des Erfolges ist dabei auf die Überraschung des Kunden zu schreiben, der auf alles gefaßt war, nur nicht darauf, die Wahrheit zu hören, und daher überhaupt nichts mehr zu antworten wußte.

Aber auch bei der geschriebenen und gedruckten Reklame, die mit Überraschungserfolgen nicht rechnen kann, wird unbedingt der günstigste Eindruck und das größte Vertrauen durch eine klare, sachlich richtige Darstellung der Eigenschaften des angebotenen Gegenstandes erzielt. Die heutige Reklame ist nicht nur oft mit vollem Bewußtsein bemüht, die Tatsachen zu verschleiern, sondern sie sündigt noch häufiger durch OBERFLÄCHLICHKEIT, hervorgerufen dadurch, daß derjenige, der z. B. den Text einer Anzeige aufsetzt, die wirklichen Vorzüge der Maschine gar nicht kennt und sich infolgedessen darauf beschränkt, mit möglichst großem Pathos Gemeinplätze vorzutragen.

Wenn dieser Mann sich GENAU über den Gegenstand, z. B. die Sonderbauart einer Maschine, unterrichtet — ich setze voraus, daß es sich um eine sorgfältig durchdachte

Konstruktion handelt —, so wird er immer genug finden, was sich zu ihrem Ruhm wirksam verwerten läßt, so daß er es gar nicht nötig hat, etwas Unwahres zu sagen. Hat die Maschine derartige Eigenschaften nicht, so ist jeder Pfennig für Reklame weggeworfen.

In der Tat findet man in solchen Anzeigen und Drucksachen, die von dem Erbauer der Maschine selbst verfaßt sind, meistens eine erfreuliche, von Übertreibungen freie, sachliche und überzeugende Belehrung.

4. DIE LEITUNG DER WERBETÄTIGKEIT. BERATUNG

Der wichtigste Punkt in der gesamten Werbetätigkeit ist die Frage, wie deren Leitung geordnet werden soll.

Der ideale Zustand, daß von einer einzigen Persönlichkeit die technische und kaufmännische Arbeit und zugleich die Werbung im einzelnen geleitet wird, findet sich in der Regel nur dann, wenn ein genialer und außerordentlich arbeitsfähiger Mann als Alleinbesitzer oder Gründer eines Unternehmens sich ganz und gar für dessen Entwicklung einsetzt. Da es sich hier häufig um Männer handelt, die als Handwerksmeister mit der Fabrikation irgendeines guten Artikels angefangen haben, so haftet der Reklame, ebenso wie der ganzen Geschäftsführung, zuweilen etwas Primitives und Unausgeglichenes an, das den Erfolg erschwert. Und doch wirkt solche Reklame am überzeugendsten, weil der Leser fühlt, daß er nicht ein Wortgeklingel vor sich hat, sondern daß der Mann, der die Worte geschrieben hat, SELBST VON DER WAHRHEIT DESSEN, WAS ER SAGT, DURCHDRUNGEN IST. Überzeugen kann nur der, der selbst überzeugt ist; alles andere läuft auf mehr oder minder schwächliche Überredungsversuche hinaus.

Es ist deshalb grundsätzlich verkehrt, wenn in der Industrie, sofern es sich nicht um ganz einfache Massenerzeugnisse handelt, die Werbetätigkeit einem rein kaufmännischen Beamten überlassen wird. Auch der kaufmännische LEITER reicht hierfür nicht aus, wenn es ihm nicht gelungen ist, sich wenigstens die grundlegenden technischen Kenntnisse anzueignen[1]) und sich mit der Herstellung und den Eigenschaften der Erzeugnisse des Werkes genau vertraut zu machen. Ebenso falsch ist es natürlich, das Reklamewesen einem Techniker zu übergeben, der in die kaufmännischen Vorgänge im Geschäft keinen Einblick hat.

Von dem Leiter der Reklame muß außer der genauen Kenntnis der Fabrikate verlangt werden, daß er mit der Kundschaft in Fühlung ist, also Gelegenheit hat, zu sehen, wie der Käufer behandelt werden muß, welche Beweisgründe bei ihm besonderen Eindruck machen, und wie die eigene Werbung wirkt. Sodann muß er schriftstellerisch gewandt und stilsicher sein und Taktgefühl sowie künstlerischen Geschmack besitzen. Selbst wenn die Firma nicht mit dem Ausland arbeitet, sind Sprachkenntnisse zur Verfolgung der fremden Zeitschriften- und Patentliteratur erwünscht. Daß die Kenntnis der verschiedenen Druckverfahren, Papiersorten usw. für den Reklameleiter unerläßlich ist, brauche ich kaum zu erwähnen.

Die Anforderungen sind so vielseitig, daß es nicht leicht fällt, eine geeignete Persönlichkeit zu finden, besonders wenn man berücksichtigt, wie wenig die Werbung heute noch gewürdigt wird, und welches Gehalt daher die Durchschnittsfabrik für den Posten aus-

---

[1]) Die Schwierigkeiten sind nicht so groß, wie oft angenommen wird. Vgl. v. Hanffstengel, Technisches Denken und Schaffen. Eine gemeinverständliche Einführung in die Technik. 3. Aufl. 1921. Verlag von Julius Springer, Berlin.

zusetzen geneigt ist. In Abschnitt IV habe ich ausführlich auseinandergesetzt, wie sich im einzelnen Falle eine Lösung finden läßt.

Eine Beratung und Beihilfe durch Sachverständige bei der Organisation und Durchführung der Reklame kann dann von großem Wert sein, wenn technisch gebildete und gleichzeitig im Werbewesen erfahrene Persönlichkeiten zur Verfügung stehen, die mit der Organisation von Maschinenfabriken und dem geschäftlichen Verkehr in der Industrie vertraut sind. Von Herren, die nicht aus der Industrie hervorgegangen sind, kann man nicht erwarten, daß sie für die Anforderungen, die hier gestellt werden müssen, das nötige Verständnis besitzen. Zur Lösung vorgezeichneter Aufgaben, namentlich solcher künstlerischer Natur, können und müssen natürlich auch technisch nicht gebildete Kräfte herangezogen werden, so schwer es auch häufig ist, die mittlere Linie zwischen den Wünschen des Künstlers und den praktischen Forderungen des Einzelfalles zu finden.

5. GÜTE DER ERZEUGNISSE; BERUFUNG AUF ERZIELTE ERFOLGE

Oben wurde bereits ausgeführt, daß die Werbung für eine schlechte Sache, d. h. für ein Erzeugnis, das den auf dem Markt befindlichen Wettbewerbsfabrikaten nicht wenigstens gleichwertig ist, fast regelmäßig erfolglos bleiben wird, weil es nicht gelingt, dessen schlechte Eigenschaften zu verheimlichen. Wenn aber die eigenen Erzeugnisse gegen den Fabrikanten sprechen, so wird nicht nur der Ruf dieser einen Ware, sondern derjenige der Firma überhaupt auf das bedenklichste geschädigt. Die wichtigste Vorbedingung für den Erfolg der Werbetätigkeit ist deshalb, daß die von der Firma gelieferten Erzeugnisse gleichmäßig gute Ergebnisse aufweisen; schon eine einzige ungünstige Aussage, etwa seitens des Besitzers einer kleinen Maschinenanlage, kann bei einem großen Projekt Mißtrauen erwecken und den Auftrag verderben. Daraus folgt übrigens nicht nur, daß die Lieferung tadellos sein muß, sondern auch, daß die Firma dahin streben sollte, durch großzügiges Geschäftsgebahren ihre Abnehmer freundschaftlich zu stimmen. Wie alles in der Welt, so hat zwar auch das geschäftliche Entgegenkommen seine Grenzen. Von Kunden, die dazu neigen, alles zu bemängeln, und überhaupt nicht zufriedenzustellen sind, ist indessen nicht allzuviel zu befürchten, weil ihre Auskünfte auch von anderer Seite von vornherein entsprechend bewertet werden. Wenn es möglich ist, tut man am besten, an solche Leute überhaupt nicht zu liefern.

Wer einmal versucht hat, einen ganz neuen Gegenstand einzuführen, weiß, wie mißtrauisch das Publikum sich verhält. Genau so ist es, wenn bei einem auf dem Markt befindlichen Gegenstand die Werbung, die auf Einführung oder allgemeinere Verbreitung eines bestimmten, verbesserten Fabrikates gerichtet ist, nicht durch die BERUFUNG AUF AUSGEFÜHRTE LIEFERUNGEN gestützt wird. Selbst Firmen, die als erste ihres Sonderfaches anerkannt sind, können nicht darauf verzichten, ihre neueren Erfolge immer wieder zur Kenntnis des Publikums zu bringen, und es ist eigentümlich, was für eine suggestive Kraft von dem Vorgehen anderer, namentlich bedeutender Werke, ausgeht. Der Fabrikant darf vielleicht unterlassen, mitzuteilen, daß er Maschinen an die Firma Müller in Lichtenhagen verkauft hat. Kann er aber eine Bestellung von der Firma Krupp in Essen anführen, so wird er damit manche Abnehmer in entscheidender Weise beeinflussen. Anderseits ist es wertvoll, darauf hinweisen zu können, daß eine einzelne Firma so und so viele Maschinen gleichzeitig bestellt hat. Der Kunde läßt sich dadurch leicht beeinflussen, auch seinerseits größere Aufträge zu geben.

Psychologisch dürften hierbei mehrere Motive mitwirken. Einmal ist es der natürliche Nachahmungstrieb, der seinen stärksten Ausdruck in der Mode findet. Die Werbung muß streben es dahin zu bringen, daß auch die bestimmte Maschine „Mode wird", so daß, um es kraß auszudrücken, jeder Industrielle sich schämt, wenn er den fraglichen modernen Maschinentyp noch nicht in seinem Werke hat. Diese Erscheinung ließ sich in der schnellen Entwicklung der letzten Jahrzehnte häufig beobachten, in Deutschland allerdings nur dann, wenn die Vorzüge der Maschine auch ernsthaft wissenschaftlich begründet oder sonst einwandfrei nachgewiesen werden konnten. In Amerika und England war infolge der geringeren Fähigkeit zur wissenschaftlichen Prüfung die Wirkung der Mode in der Technik noch viel stärker und hat oft zur allgemeinen Anwendung bestimmter Bauarten auf Fälle geführt, für die sie nicht im geringsten paßten[1]). Man verläßt sich einfach darauf, daß die Maschine sich da und da gut bewährt hat, und hält es für Verschwendung an Gehirnarbeit, jetzt wieder zu untersuchen, ob nicht vielleicht unter den neuen Verhältnissen eine andere Maschine doch noch bessere Erfolge geben würde. Hierin kommt ein zweiter, mehr bewußter Grund dafür zum Ausdruck, weshalb gerade auf dem schwierigen Gebiete des Kaufes von Maschinen einer gern dem anderen folgt. Jeder nimmt eben an, daß der andere bereits die Maschine geprüft und sie für gut befunden hat, so daß er selbst sich die Mühe sparen und etwa vorhandene Bedenken niederschlagen kann. Unter Umständen kann noch ein anderer Beweggrund hinzukommen; mancher Industrielle gesteht sich selbst und anderen nicht gern ein, daß er zu solchen Aufwendungen, wie sie gleichartige Firmen zur Modernisierung ihres Betriebes getroffen haben, nach Lage der Verhältnisse nicht imstande ist oder nicht den Mut hat.

Ich will durchaus nicht dafür sprechen, daß man diese Motive benutzen soll, um einem Kunden etwas aufzudrängen, was nicht für ihn paßt. Um aber den Widerstand zu überwinden, der sich auch der Einführung der allerbesten neuen Sache entgegenstellt, darf man keines der verfügbaren Hilfsmittel verschmähen.

Einer unzulässigen Ausnutzung dieser Beeinflußbarkeit des Publikums durch die Mode wirkt übrigens bei umfangreichen Maschinenanlagen der Umstand entgegen, daß der Auftrag nicht so leicht ohne sehr sorgfältige sachverständige Prüfung vergeben wird. Der Zweck einer Beeinflussung in dem Sinne, wie oben erwähnt, ist dann also wesentlich der, den Kunden dahin zu bringen, daß er dem neuen Vorschlag überhaupt näher tritt.

Der Wichtigkeit dieses Teiles der Reklame entsprechend suche man die Angaben und Belege über die erfolgreiche Einführung der Maschine so eindrucksvoll wie möglich zu gestalten. Üblich ist es, gute Zeugnisse abzudrucken und auf Flugblättern oder in Katalogen zusammenzustellen. Viele Firmen geben, um die Wirkung noch zu erhöhen, die Zeugnisse in Urschrift wieder. Am wirksamsten im Sinne der psychologischen Beeinflussung ist der Eindruck der Maschine selbst, wenn sie sich in einem Betriebe in voller Arbeit befindet, und natürlich noch mehr der einer Gruppe gleichartiger Maschinen. Daher sollte auf keinen Fall versäumt werden, die gelieferte Maschine mit deutlich hervortretenden Firmenschildern zu versehen, damit auch diejenigen Personen, die zufällig vorübergehen, die Herkunft erfahren. Wenn es irgend möglich ist, führe man bei Verhandlungen eine persönliche Besichtigung durch den Käufer und unmittelbare Auskünfte seitens der Besitzer gelieferter Anlagen herbei.

---

[1]) So hat man das recht unwirtschaftliche und unbequeme Straßenbahnsystem mit unter der Erde laufendem Zugseil in Chicago eingeführt, weil in San Francisco, wo sehr starke Steigungen vorkommen, diese Schwierigkeit durch das Seil glücklich überwunden war; dabei liegt aber Chicago vollkommen flach.

6. AN WEN SOLL DIE WERBUNG SICH WENDEN?

Bei der Wahl der Kreise, an die eine Fabrik sich mit ihrer Werbung wendet, darf nicht zu engherzig vorgegangen werden. Nicht nur die Personen, die gegenwärtig in der Lage sind, bei dem Ankauf von Maschinen ein entscheidendes Wort zu sprechen, müssen „bearbeitet" werden, sondern ebenfalls, wenn auch vielleicht nicht so nachdrücklich, solche Leute, die möglicherweise einmal in derartige Stellungen vorrücken werden oder mittelbar als Träger der Reklame in Frage kommen. Zunächst bedeutet dies, daß die technischen Lehranstalten mit Katalogen und dergleichen zu versehen sind und ebenso solche Beamte, die sich zur Zeit in niederen Stellungen befinden, aber nach ihrer Vorbildung und Befähigung Aussicht haben, später einmal zu größerem Einfluß aufzurücken. Die besten mittelbaren Träger der Reklame sind eigentlich die Beamten der eigenen Fabrik, denn sie kennen die Erzeugnisse genau und hängen daran mit einer gewissen Liebe, auch wenn sie später andere Stellungen einnehmen. Man lasse deshalb die Gelegenheit nicht vorübergehen, auch diejenigen Angestellten, die mit dem Verkauf unmittelbar nichts zu tun haben, durch Überlassung von Drucksachen über die Anwendbarkeit der Erzeugnisse und die Leistungen und Erfolge der Firma zu unterrichten. Dies ist gleichzeitig ein Beweis von Achtung und Vertrauen, der günstig auf das Verhältnis der Angestellten zu der Firma zurückwirkt und ihr Interesse an der Arbeit und am Erfolg des Geschäftes hebt.

7. WERBEEIGENSCHAFTEN EINES ERZEUGNISSES

Oben wurde bereits gesagt, daß jedes planmäßig durchgebildete industrielle Erzeugnis Eigenschaften aufweist, die in der Werbung verwertet werden können. Das macht es aber keineswegs überflüssig, daß schon der Konstrukteur einer Maschine sich vergegenwärtigt, in welcher Weise später dafür Kunden gewonnen werden können, und daß er sich bemüht, die Besonderheiten so zu entwickeln, daß sie sich in vorteilhafter Weise als Gegenstand für Erörterungen benutzen lassen, um den Käufer zu interessieren und ihm die Überlegenheit der Bauart darzutun. Der Amerikaner bezeichnet solche Eigenschaften treffend als „talking points". Der Gedanke an die spätere Reklame hat noch einen besonderen Wert, denn er ist unter Umständen für den Konstrukteur ein Ansporn, gewisse Leitgedanken, die für die Ausführungsart grundlegend sind und ihr den besonderen Charakter geben, nun auch unter Überwindung aller entgegenstehenden Schwierigkeiten folgerichtig durchzuführen. Diese gegenseitige Beeinflussung von Reklame und Konstruktion kann außerordentlich fruchtbar sein. Für die Werbetätigkeit ist es auf jeden Fall sehr viel leichter, wenn man dem Kunden einen bestimmten geschlossenen Gedankengang ausführlich entwickeln kann, als wenn er sich eine Menge zusammenhangloser Einzelheiten merken soll.

Wenn es sich um die Schaffung neuer Maschinentypen handelt, sollte deshalb der Reklameleiter schon bei der Entstehung der Konstruktion herangezogen werden. Unter den vortrefflichsten Ingenieuren gibt es solche, die mehr gefühls- als verstandesgemäß arbeiten, die also von selbst das Richtige treffen, ohne in allen Fällen anderen klar machen zu können, warum sie gerade diese Form wählen. Solche Konstrukteure würden nicht imstande sein, bei der Durcharbeitung der Maschine auf die spätere Werbetätigkeit Rücksicht zu nehmen, wenn sie nicht mit dem Reklamefachmann zusammen die Leitgedanken in der Form, wie sie sich später mit Vorteil verwerten lassen, entwickeln und festlegen können. Durch eine solche Vorbereitung wird die spätere Einführung des Gegenstandes sehr erleichtert und außerdem Zeit gespart, da bei der Fertigstellung der Leiter der Reklame damit genau vertraut ist und der Reklameplan bereits vorliegt.

8. SCHUTZRECHTE

Hand in Hand hiermit gehen die Bemühungen um die Erlangung von Schutzrechten, deren Bearbeitung häufig auch in das Arbeitsgebiet des Reklameleiters fällt. Um ein gutes Patent zu erlangen, ist eine genaue Kenntnis des Werdeganges der Maschine nötig, und je früher und genauer derjenige, der die Anmeldung zu vertreten hat, mit den Absichten des Erfinders bekannt wird, um so stärker ist später seine Stellung dem Patentamt gegenüber. Viele Anmeldungen scheitern daran, daß der Konstrukteur es nicht versteht, klar zum Ausdruck zu bringen, was er sich eigentlich bei dem Entwurf der Maschine gedacht hat und worin der Fortschritt liegt. Oft kommen diese Gesichtspunkte dann zutage, wenn die Anmeldung in der ersten Instanz zurückgewiesen ist und aus dem Bescheid des Patentamtes hervorgeht, daß der Kern der Sache gar nicht verstanden worden ist. Dann läßt sich wenigstens noch manches durch die Beschwerde gut machen. Nicht selten fallen aber gute neue Konstruktionen aus diesem Grunde durch, oder das Patent wird auf solche Punkte erteilt, die verhältnismäßig wertlos sind.

Für die Werbung bedeuten Schutzrechte jeder Art eine erhebliche Unterstützung. Bei der Einführung ganz neuer Gegenstände empfiehlt es sich sehr, dafür einen SCHUTZFÄHIGEN NAMEN zu ersinnen, und zwar zweckmäßig einen solchen, der in allen Kultursprachen benutzt werden kann. Die wichtigen Staaten besitzen sämtlich Gesetze zum Schutz von Warenbezeichnungen. Die Kosten für die Eintragung sind gering[1]). Der Zeichenschutz kann in dem angedeuteten Falle ähnliche Wichtigkeit haben wie ein Patentschutz, denn das Publikum gewöhnt sich, wenn die Werbung entsprechend betrieben wird, rasch daran, den neuen Gebrauchsgegenstand nur mit dem geschützten Namen zu bezeichnen und unter diesem Namen zu verlangen. Andere Firmen sind nicht in der Lage, ein Fabrikat unter der betreffenden Bezeichnung anzubieten, und es erregt naturgemäß Mißtrauen bei dem Kunden, wenn ihm etwas anderes, als er verlangt hat, als Ersatz vorgeschlagen wird.

Patent- und Gebrauchsmusterrechte verwende man in der Werbung nicht in einer Weise, die geeignet ist, das Publikum über den Umfang des Schutzes irre zu führen. Die heutige Rechtsprechung tritt entschieden gegen einen derartigen Mißbrauch auf, und es entspricht auch nicht der Würde einer angesehenen Firma und dem Sinne, in dem die Werbung betrieben werden sollte, wenn man hier von dem Grundsatz der Ehrlichkeit und der Sachlichkeit abgeht.

9. STETE WIEDERHOLUNG ALS HAUPTGRUNDSATZ DER WERBUNG

Überall in der Reklame ist so weit als möglich der Grundsatz der steten Wiederholung durchzuführen. Es gehört ein Studium dazu, um dieselbe Warenbezeichnung und denselben Firmennamen immer und immer wieder erscheinen zu lassen, ohne daß die Wiederholung aufdringlich und langweilig erscheint. Man benutze JEDE GELEGENHEIT, die sich bietet. Ist es möglich, eine geschützte Warenbezeichnung zum Hauptteil des Firmennamens zu machen, so bringt das den Vorteil mit sich, daß bei jeder Nennung der Firma auch an das Fabrikat erinnert wird und sich somit von selbst eine Wiederholung ergibt. Nach dem deutschen Gesetz muß allerdings, abgesehen von gewissen Gesellschaftsformen, der Name des Inhabers oder eines Gesellschafters in der Firmenbezeichnung enthalten

---

[1]) Bei dem heutigen Stande der Währung stellen sich natürlich alle Schutzrechte im Ausland teuer.

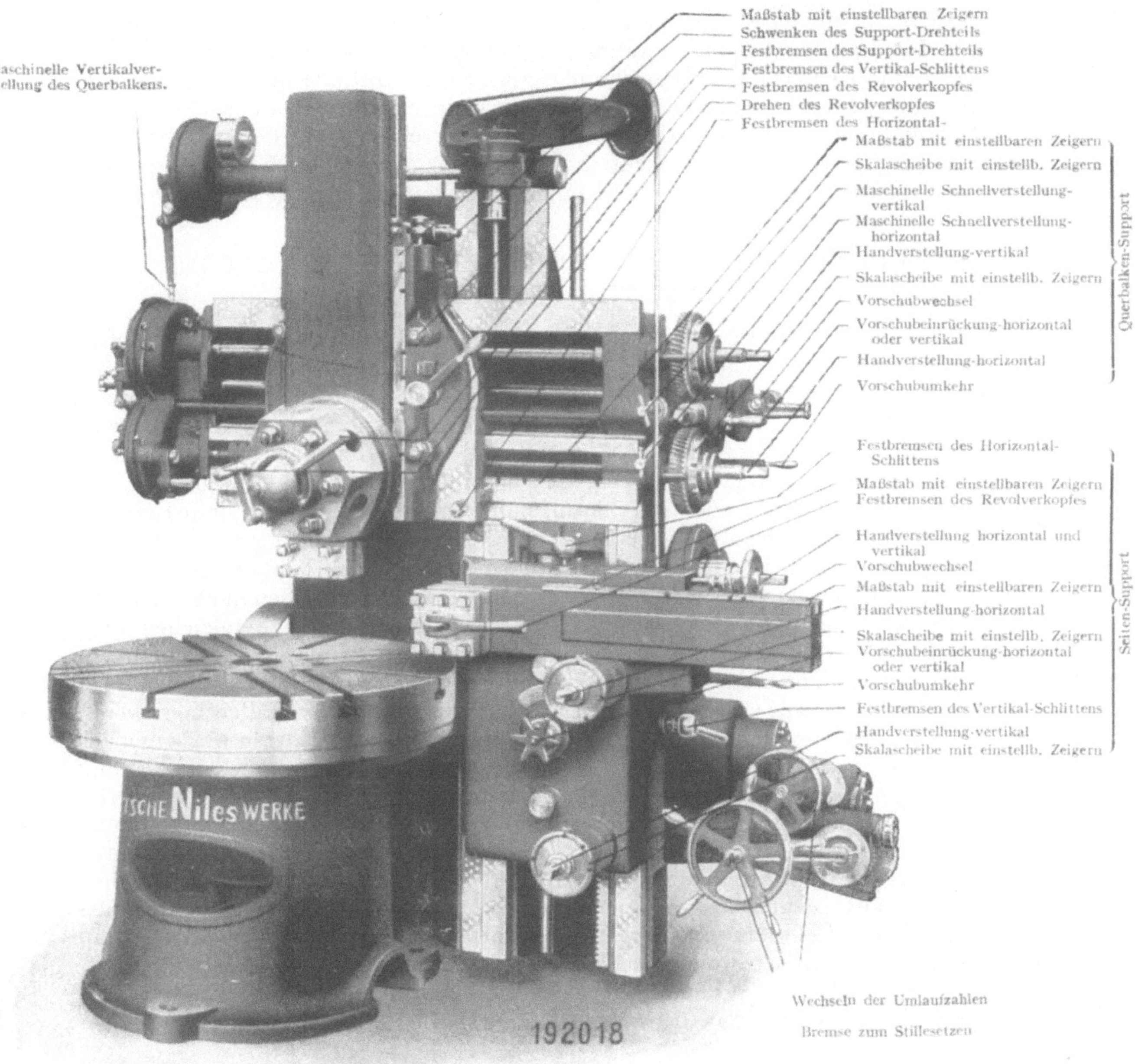

Darstellung einer Maschine mit in der Photographie eingetragenen Bezugslinien und daneben gesetzten Bezeichnungen. (Text auf S. 14.)

sein (vgl. § 18 und 19 des Handelsgesetzbuches); dann ist es meistens nicht mehr möglich, auch das Fabrikat hinzuzufügen, ohne daß der Firmenname unbequem lang wird, was auf alle Fälle vermieden werden muß. Eigennamen als Firmenbezeichnungen sind übrigens recht zweckmäßig, wenn die Firma damit rechnet, später verschiedene Fabrikate herzustellen. Der Name kann dann, vorausgesetzt, daß immer erstklassige Ware geliefert wird, die Wirkung einer Qualitätsbezeichnung erhalten, die auf alle neuen Erzeugnisse ohne weiteres übergeht. In solchen Fällen ist von dem Namen immer Gebrauch zu machen, und die Fabrikate sind selbst mit diesem Zusatz zu versehen, wiederum mit der Einschränkung, daß die Wiederholung nicht „reklamemäßig" aufdringlich und langweilig wirken darf. Selbstverständlich muß der Eigenname als Warenzeichen geschützt werden.

10. STELLUNG GEGENÜBER DER WERBETÄTIGKEIT DES WETTBEWERBS

Es kommt leicht vor, daß sich bei einer Firma eine gewisse Nervosität geltend macht, wenn ein Wettbewerbsunternehmen seine Reklame bedeutend verstärkt. Ein solches Vorgehen ist natürlich immer genau zu beobachten, schon weil man für die eigene Werbetätigkeit daraus lernen und ungebührlichen Übertreibungen von anderer Seite entgegentreten kann. Zu einer Erregung, die leicht zu unsachlichen Maßnahmen führt, liegt zunächst in keinem Falle ein Anlaß vor, wenigstens dann nicht, wenn das Anwendungsfeld des betreffenden Erzeugnisses noch erweiterungsfähig und die Firma mit ihren Erzeugnissen auf der Höhe ist. Denn indem eine Firma die Kenntnis des Gegenstandes und seiner Vorzüge in weiteren Kreisen verbreitet und so die Nachfrage hebt, nützt sie nicht nur sich allein, sondern auch allen anderen, auf demselben Gebiet arbeitenden Firmen. Kleine Firmen können zuweilen überhaupt ohne Anzeigenwerbung und dergleichen auskommen und sich von den großen Fabriken die Arbeit und die Kosten dafür abnehmen lassen, indem sie sich auf die persönliche Werbung in einem bestimmten Kundenkreis beschränken, in dem sie gut eingeführt sind. Etwas anders liegt der Fall allerdings, wenn es sich darum handelt, den eigenen Anteil an einem bestimmten begrenzten Absatzgebiet zu behaupten oder zu verlieren. Immerhin ist die Verdrängung einer angesehenen Firma aus dem Gebiet, das sie einmal innehatte, durch Reklame allein auch nicht zu erreichen, wenn nicht der Wettbewerb infolge der Güte oder Verbilligung der Herstellung imstande ist, wesentlich günstigere Angebote zu machen. Dann hilft aber auch eine Gegenreklame nichts, und der Angriff kann lediglich dadurch abgeschlagen werden, daß man das eigene Erzeugnis auf den gleichen oder einen noch höheren Stand bringt. In jedem Falle also wird die Werbung im Sinne des Fortschrittes wirken. Übrigens ist zu bedenken, daß es feste Grenzen für den Absatz wohl in keinem Falle gibt, denn wenn ein Gegenstand besser und billiger hergestellt werden kann, so wird er sich nach den bisherigen Erfahrungen stets einen größeren Absatz erobern.

11. GÜNSTIGSTE ZEIT

Welche Zeit für die Reklame am günstigsten ist, läßt sich nur für jedes einzelne Fabrikat besonders entscheiden. Im allgemeinen darf man es als einen Fehler bezeichnen, wenn die Intensität der Reklame erheblich schwankt. In Abschnitt IV ist ausführlich erörtert, daß es sich unbedingt empfiehlt, einen bestimmten Reklameplan aufzustellen und daran festzuhalten, also eine Beeinflussung durch zufällige Ereignisse abzuwehren. Auch innerhalb des Reklameplanes sollte eine gewisse Gleichmäßigkeit durchgeführt werden.

Ausnahmen kommen natürlich immer vor. Zum Beispiel wäre es verkehrt, eine lebhafte Werbung durch Druckschriften während der heißen Sommermonate ins Werk zu setzen, wenn von den wichtigen Persönlichkeiten die meisten in Urlaub sind und daher von den Sendungen überhaupt nicht Kenntnis bekommen oder sich nicht dadurch beeinflussen lassen, weil sie auf ganz andere Dinge eingestellt sind. Von Konjunkturschwankungen sollte indessen die Werbetätigkeit nicht zu sehr abhängig sein. Schwächt man sie zur Zeit guten Geschäftsganges, weil reichlich Bestellungen vorliegen und die eingehenden Anfragen und Aufträge vielleicht gar nicht einmal zu bewältigen sind, so versäumt man gerade die Zeit,

Förder- und Verladeanlage von Adolf Bleichert & Co., Leipzig. Gut herausgearbeitetes Motiv. Mängel des Bildes: Überflüssige Personen und Fehlen eines Schiffes, das beladen werden soll. (Text auf S. 14.)

wo das lebhafteste Interesse für Neuerungen besteht und daher die Reklame am meisten Beachtung findet. Es wird also schlecht für die flaue Zeit vorgesorgt. Setzt man hier erst mit der Reklame ein, so ist es gewöhnlich zu spät, und es ergibt sich leicht eine Zeit vollkommener Geschäftstille. Außerdem kann es einer Firma nur erwünscht sein, wenn ihr zur Zeit des flotten Geschäftsganges recht viele Aufträge angeboten werden, denn sie ist dann in der Lage, sich die lohnendsten darunter auszusuchen, wenn auch Takt dazu gehört, um die Aufträge, die man nicht bewältigen kann, ohne Verstimmung der Kundschaft zurückzuweisen. Zur flauen Zeit mit der Reklame aufzuhören, weil sie scheinbar doch keinen Erfolg bringt, ist gleichfalls verkehrt, denn je mehr man sich zu dieser Zeit rührt, um so eher kann auf das Wiedereinsetzen einer ausreichenden Beschäftigung beim Beginn der Belebung des Marktes gerechnet werden.

Was hier gesagt ist, gilt für die laufende Werbung. Etwas anderes ist es, wenn zur Einführung eines neuen Gegenstandes ein Werbefeldzug unternommen wird, der natürlich nur während einer bestimmten Zeit mit Einsetzung aller Kräfte durchgeführt zu werden braucht und dann in eine stetig und ruhig fortlaufende Werbung übergeht.

ZWEITER ABSCHNITT

BILD, SCHRIFT UND DRUCK

Die klare und richtige Vorstellung eines Gegenstandes läßt sich durch eine Beschreibung allein nicht vermitteln. Naturgemäß sträubt sich aber jeder dagegen, etwas zu kaufen, wovon er keine Vorstellung hat. Bei der Reklame wird deshalb im ausgedehntesten Maße von der bildlichen Darstellung Gebrauch gemacht, so daß eine ausführliche Behandlung der für sie in Frage kommenden Bedingungen erforderlich ist.

Für den Verkauf von Maschinen sind Abbildungen besonders notwendig, weil die Besichtigung von Mustern oder von vollständigen ausgeführten Anlagen sich nicht immer ermöglichen läßt.

In engem Zusammenhang mit dem Bilde steht die Ausführung der Schrift, sei sie nun gezeichnet oder gesetzt, und die Wiedergabe beider durch den Druck. Er ist das wichtigste technische Hilfsmittel der Werbung. Die Kenntnis der verschiedenen Verfahren für die Wiedergabe von Bild und Text, insbesondere des Buchdruckes, ist daher für den Werbefachmann unentbehrlich. Im folgenden sind nur die für die praktische Handhabung der Reklame wichtigsten Punkte behandelt.

1. ALLGEMEINE ANFORDERUNGEN AN DAS BILD

Zu Werbezwecken zu verwenden sind Photographien, perspektivische Zeichnungen oder Konstruktionszeichnungen bzw. schematische Darstellungen.

Die Abbildungen müssen geeignet sein, in dem Käufer das Gefühl des Zutrauens zu der angebotenen Ware zu erwecken. Ein erfahrener Fachmann fühlt, auch ohne daß er sich mit den Einzelheiten der Bauart beschäftigt, oft aus der ganzen Formgebung bereits heraus, ob die Maschine von einem Konstrukteur, der seine Sache versteht, durchgearbeitet worden ist. Sind die einzelnen Teile der Maschine so durchgebildet und aneinander gefügt, daß der Beschauer der Abbildung das Gefühl des Selbstverständlichen, Ungezwungenen, Zweckmäßigen hat, so drängt sich ihm von selbst die Vermutung auf, daß die Leistung der Maschine befriedigend sein wird.

Außerdem ist das Bild besser als jede Beschreibung imstande, RASCH zu belehren. Worte müssen sich im Gehirn erst wieder in Bilder umsetzen und lassen auf diesem sehr umständlichen Wege die Vorstellung entstehen. Beim Bild genügt ein Blick, um einen Gesamteindruck zu erhalten; auch das Studium der Einzelheiten ist dadurch bedeutend erleichtert, daß vom Gehirn nicht aufeinander folgende Eindrücke festgehalten zu werden brauchen, sondern das, was bereits verstanden war, durch ein einziges Hinschauen sofort wieder zurückgerufen werden kann.

Soll das Bild diese Wirkung haben, so gehört dazu, daß es KLAR UND ÜBERSICHTLICH ist. Photographien, die so aufgenommen sind, daß wichtige Teile sich überdecken, und

Konstruktionszeichnungen, die voll von gestrichelten Linien sind, können eher verwirren als belehren.

In den allermeisten Fällen bedarf das Bild des erläuternden Textes, da nur der Sonderfachmann sich sofort darüber klar werden kann, was das Bild als Ganzes sagen will und welche Bedeutung den Einzelheiten der Darstellung zukommt. Fehlt der Text, oder ist er nicht so abgefaßt und angeordnet, daß die Beziehung zu den Teilen des Bildes rasch

Schmiedehammer (Boeker & Co., Remscheid). Aufnahme von W. Roerts, Hannover. Malerische Gesamtwirkung, Unterdrückung unnötigen Beiwerks. Besonders zu beachten: Leute in richtiger Arbeitstellung. (Text auf S. 15 und 16.)

und unmißverständlich zu finden ist, so kann auch das beste Bild seinen Zweck verfehlen. Es gehört ein sorgfältiges Studium dazu, um die günstigste Wirkung zu erzielen.

Bei Konstruktionszeichnungen ist es allgemein üblich, durch Worte, die in das Bild eingeschrieben sind, oder, wenn dafür kein Platz ist, durch Bezugsbuchstaben, die sich auf den beigegebenen Text beziehen, das Verständnis zu erleichtern. Bei Photographien findet man dieses Mittel selten angewandt, obwohl sich in das Original ebenso gut Bezeichnungen einschreiben lassen, die mit klischiert werden. Allerdings besteht hier die Gefahr, daß die Gesamtwirkung durch die Schrift zerstört wird. Man prüfe deshalb, was in erster Linie erreicht werden soll. Kommt es vor allen Dingen auf die Belehrung an, so braucht man sich nicht vor der Eintragung von Schrift oder Bezugslinien in Photographien zu scheuen, und man kann dadurch, wie das Beispiel S. 9 beweist, den Zweck, eine rasche und zuverlässige Aufklärung über die Maschine zu vermitteln, in denkbar günstigster und einfachster Weise erreichen. In dem Beispiel kam es namentlich darauf an, zu erläutern, in welcher Weise die Maschine vom Arbeiter bedient wird. Um etwa den Nachweis dafür zu liefern, daß sie in ihren Einzelteilen widerstandsfähig genug gebaut ist, hätte man Einzelbilder oder Zeichnungen zu Hilfe nehmen müssen.

2. PHOTOGRAPHIEN

Von den Photographien, die über die Konstruktion der Maschine BELEHREN sollen, ist zu verlangen, daß die Einzelheiten klar erscheinen; zu dem Zwecke ist oft eine ausgedehnte Retusche notwendig (vgl. S. 29). Anders liegt der Fall bei Bildern, die in erster Linie dazu dienen sollen, beim raschen Durchblättern von Drucksachen, Anzeigen usw. DAS AUGE AUF SICH ZU ZIEHEN. Hier kommt es vor allen Dingen auf malerische Gesamtwirkung an. Die Bilder müssen kontrastreich und lebhaft bewegt sein. Sie dürfen sich dabei nicht in viele einzelne Flächen oder Töne auflösen, sondern die Hauptgruppe auf dem Bilde muß geschlossen und wuchtig genug wirken, um alles Nebensächliche zurückzudrängen. Das „Motiv“ ist also herauszuarbeiten. Man verzichte von vornherein darauf, mehrere Motive in ein Bild zu pressen. Wie bei der Malerei, so kann auch hier ein Versuch in dieser Richtung nur den Erfolg haben, den Eindruck zu zersplittern und damit die Wirkung zum großen Teil aufzuheben.

Nähere Vorschriften darüber zu geben, was beachtet werden muß, damit ein Bild malerische Wirkung erhält, ist schwer möglich. Dem Reklameleiter, der sich hierüber zu unterrichten wünscht, ist das Studium der Literatur über Landschaftsphotographie (Horsley-Hinton, Löscher u. a.) zu empfehlen. Noch besser ist es, wenn der Reklameleiter sich außerdem selbst praktisch als Liebhaberphotograph betätigt. Das Bild spielt in der Werbung eine so große Rolle, daß jeder, der damit zu tun hat, UNBEDINGT dahin streben sollte, sich wenigstens die grundlegenden Kenntnisse auf dem Gebiete der Photographie zu erwerben.

Ein Beispiel für ein wirksames, für Anzeigenzwecke geeignetes Bild gibt die Abb. S. 11, eine Verlade- und Förderanlage, die aus Kranen und Drahtseilbahnen besteht. Instruktiv ist das Bild nicht, denn die Krane erscheinen ziemlich klein, außerdem fehlen die Schiffe, aus denen sie laden sollen, und bei der Drahtseilbahn ist nur das Stützgerüst, dagegen nichts von den Wagen zu sehen. Auch die vielen unnötigen Personen im Vordergrund stören den Eindruck. Die gewaltige Masse der Brücke, die den hellen Himmel durchschneidet und deren Linien, scharf zusammenlaufend, das Auge zwingen, sich auf den wichtigsten Punkt, nämlich die Entladestelle hin zu richten, bringt indessen eine so starke Wirkung hervor, daß das Bild kaum übersehen werden kann. Darf man darauf rechnen, daß Anlagen dieser Art bereits bekannt sind, so läßt sich eine solche Abbildung mit kurzer Unterschrift sehr gut für Anzeigen verwenden. Andernfalls ist eine Erläuterung durch ausführlichen Text oder durch weitere, mehr instruktive Bilder erforderlich. Bildmäßig äußerst wirksam ist auch die Innenansicht einer Brücke auf S. 83, mit den vielen auf einen Punkt zulaufenden Linien. Eisenbauten eignen sich für starke perspektivische Wirkungen infolge der langen Linien naturgemäß besonders gut.

Auch bei der belehrenden Photographie treibe man das Herausarbeiten von Einzelheiten nicht weiter, als zur Erreichung des Zweckes erforderlich ist, denn man sollte die malerische Wirkung nicht unnötig zerstören. Mit der Auflösung in Einzelheiten wird es immer schwerer, die wichtigen Teile kräftig herauszuheben, und damit leidet wieder die Übersichtlichkeit. Es ist also in jedem Falle wohl zu erwägen, wie weit man mit der Zergliederung gehen soll. Keinesfalls lasse man dem Retuscheur, der am liebsten jede Kontur nachziehen möchte, freie Hand.

Die belehrende Wirkung eines Bildes wird also durch malerische Vorzüge unterstützt. Namentlich gilt das auch bezüglich der Wahl des Hintergrundes. Man vermeide es, die wichtigsten Teile mit einem lebhaft bewegten Hintergrund aufzunehmen, sondern sorge dafür, daß sie sich von ruhigen, wenn auch nicht notwendigerweise eintönigen Flächen abheben, und zwar mit kräftigen Kontrasten und klaren, scharfen Umrissen. Das Bild

Fräsmaschine von Ludwig Loewe & Co., Berlin. Die Anhäufung starker Späne läßt auf die Leistung der Maschine schließen. (Text auf S. 16 und 23.)

soll lebhaft wirken, einerseits durch kräftige Gegensätze in den Tönen, anderseits durch lebendige Anordnung. Maschinen müssen, sofern es sich nicht rein um die Darstellung konstruktiver Einzelheiten handelt, im vollen Arbeiten gezeigt werden. Dabei darf der Beschauer nicht merken, daß das Bild gestellt ist. Vor allem ist darauf zu achten, daß nur die notwendigen Personen, also z. B. die Leute, die mit der Bedienung einer Maschine zu tun haben, auf dem Bilde zu sehen sind, und zwar in den richtigen, charakteristischen Arbeitstellungen. Meisterhaft ist nach dieser Richtung die auf S. 13 wiedergegebene Aufnahme, bei der außerdem die Wirkung des Lichtes in künstlerisch hervorragender Weise verwertet ist. Man darf sich die Mühe nicht verdrießen lassen, die Leute dahin zu bringen, daß sie nicht nach dem Apparat sehen, sondern sich ausschließlich mit der Maschine beschäftigen. In der Stellung der Arbeiter bei der Retusche noch Veränderungen vorzunehmen, gelingt in den seltensten Fällen zur Zufriedenheit. Leichter ist es, überflüssige Leute ganz herauszunehmen. Einen Kran photographiere man in der richtigen

Umgebung mit den größten Lasten, die er tragen kann, eine für schwere Beanspruchung gebaute Werkzeugmaschine beim Abheben starker Späne (Abb. S. 15). Je mehr auf diese Weise bereits durch das Bild gesagt wird, um so kürzer kann der Text sein, und um so sicherer darf man darauf rechnen, daß sich im Gehirn des Lesers die gewünschte Kombination von Vorstellungen bildet und festsetzt. Die schwierige Aufgabe, eine Maschine so aufzunehmen, daß die in ihr wirkenden Kräfte zum Ausdruck kommen, und daß gleichzeitig, ohne Menschen auf das Bild zu bringen, der Eindruck des vollen Arbeitens erweckt wird, ist in Abb. S. 17 ausgezeichnet gelöst.

Es kann oft zweckmäßig sein, die übermäßige Perspektive, die bei den üblichen Brennweiten der photographischen Apparate eintritt, zu benutzen, um gewisse Teile besonders groß erscheinen zu lassen und dadurch, ohne daß die Wahrheit der Darstellung leidet, diese Teile hervorzuheben und dem Bilde eine wuchtigere Wirkung zu geben. Die Gegenstände, auf die es weniger ankommt, rücke man vom Apparat ab, damit sie auf dem Bilde klein erscheinen. Soll zur Hervorhebung der Größe eines Gegenstandes ein Mann als Vergleichsobjekt auf das Bild gebracht werden, so stelle man ihn nicht unnötig nach vorn, sondern, wenn möglich, hinter den Gegenstand und benutze ein Objektiv von nicht zu großer Brennweite.

Die Abb. S. 11 hat ihre starke Wirkung wesentlich der geringen Brennweite des Objektivs zu danken. In Abb. S. 19 ist es durch dieses Mittel gelungen, den langen zusammenhängenden Span, der die Zähigkeit des Materials kennzeichnet, zum Hauptgegenstand des Bildes zu machen.

3. ZEICHNUNGEN

Perspektivische Zeichnungen werden an Stelle von Photographien benutzt, wenn letztere aus örtlichen Gründen nicht hergestellt werden können, oder wenn es aus technischen Gründen nicht möglich ist, mit Autotypien zu drucken (vgl. S. 30), namentlich also für Anzeigen und für die Umschläge von Katalogen. Auch lassen sich mit der Zeichnung höhere künstlerische Wirkungen erzielen. Man hüte sich aber davor, diesen letzteren Umstand zu überschätzen, und sei vorsichtig gegenüber den Vorschlägen von Buchkünstlern. Beim Verkauf von Maschinen besonders kommt es in erster Linie darauf an, dem Publikum zu zeigen, wie die Maschine aussieht, und ihm die Überzeugung beizubringen, daß solche Maschinen bereits gebaut sind und sich im praktischen Betriebe befinden. Der Zeichnung, besonders wenn sie noch mit künstlerischer Freiheit ausgeführt ist, wird nicht ohne weiteres Glauben geschenkt. Solange es irgend geht, halte man also an der Photographie fest und strebe lieber dahin, wirksame und auch künstlerisch wertvolle Aufnahmen zu bekommen, sowie mit den zur Verfügung stehenden technischen Mitteln selbst unter ungünstigen Verhältnissen noch gute Wiedergaben solcher Aufnahmen zu erhalten.

Gute Zeichnungen zu bekommen, ist recht schwierig, da nur wenige Künstler der Technik Verständnis entgegenbringen. Mit Vorliebe wählt der Künstler solche Vorgänge, bei denen Kraftverluste auftreten, die also eigentlich mit dem Geist der modernen Technik in Widerspruch stehen, wie besondere Kraftleistungen schwitzender Menschen oder rauchende Schornsteine. Um der Ruhe und Gleichmäßigkeit, welche der modernen Technik äußerlich anhaftet, doch den Eindruck starken Lebens und gewaltiger Energie zu verleihen, dazu gehört ein ganz besonderes Verständnis und vielleicht eine neue Kunst, die heute noch nicht entwickelt ist. Ob etwa die „Expressionisten“ mit ihren heute oft noch kindlichen Ausdrucksformen berufen sind, einmal für die Technik etwas zu leisten, läßt sich zur Zeit nicht beurteilen. Je mehr die Technik ein Element der allgemeinen Bildung

Wenden eines Panzerplattenblockes (Witkowitzer Bergbau- und Eisenhütten-Gewerkschaft). Aufnahme von W. Roerts, Hannover. Kennzeichnend durch die Ruhe und Sicherheit, mit der die Maschine ihre gewaltigen Kräfte entwickelt. (Text auf S. 16.)

wird[1]), um so eher darf man hoffen, daß sich auch geniale Künstler finden werden, denen es gelingt, die schwierigen hier vorliegenden Aufgaben zu lösen. Daß unter günstigen Verhältnissen auch heute schon gut durchdachte, wertvolle Leistungen hervorgebracht sind, soll keineswegs bestritten werden, aber sie finden sich doch nur vereinzelt. Beispiele sind u. a. auf S. 25 und 27 gegeben.

[1]) Vgl. hierzu die in der Fußnote auf S. 4 erwähnte Arbeit.

Die perspektivische Zeichnung kommt weniger für Belehrungszwecke in Frage als für die Aufgabe, den Blick anzuziehen (Blickfang). Um dieser Aufgabe voll gerecht zu werden, um also das Auge auf das Bild zu zwingen und ein Übersehen beim flüchtigen Durchblättern des Anzeigenteiles einer Zeitschrift unmöglich zu machen, ist eine geschlossene, kräftige Darstellung erforderlich, so daß sich Federzeichnungen im allgemeinen nicht eignen, es sei denn, daß eine zarte, flächenhaft wirkende Zeichnung gewissermaßen den Untergrund abgeben soll, von dem sich eine sehr kräftig hingesetzte Schrift wirkungsvoll abhebt. Meistens wird daher eine flächenhaft arbeitende Schwarz-Weiß-Technik angewandt. Man erhält dabei wohl einzelne kräftige Flächenteile, die aber durch die dazwischenliegenden weißen Flächen wieder getrennt werden, so daß das Ganze unzusammenhängend wirkt, wie bei harten, unterbelichteten Photographien. Es fehlt der weiche Untergrund der normalen Photographie, der die dunkleren und helleren Teile im Bild zusammenhält. Recht gut können solche Schwarz-Weiß-Zeichnungen sein, bei denen das Schwarz ganz überwiegt und Weiß im wesentlichen nur zum Andeuten von Umrissen benutzt ist. Solche Zeichnungen erhalten dann den Charakter von Silhouetten und können ganz vortrefflich wirken, wenn sie charakteristisch aufgefaßt sind. Hierzu gehört aber ein genaues Verständnis für das Wesen der Maschine. Ein recht gutes Beispiel gibt S. 21. Die Wirkung wäre vielleicht noch besser, wenn neben der Maschinensilhouette das Schiff, zu dessen Herstellung die Nietmaschine benutzt werden soll, mehr zurückträte, weil dadurch die Darstellung mehr Ruhe und Wucht erhalten würde. Jetzt wird das Auge hin und her gezogen, und die Gesamtwirkung leidet etwas[1]).

Von außerordentlicher Kraft ist die Anzeigenzeichnung auf S. 23. Die weißen Umrisse des kühn vorstrebenden Brückenteils treten in dem dunkeln Himmel, der das Ganze zusammenhält, leuchtend hervor.

Man erzielt ein weicheres, geschlossen wirkendes Bild, wenn man durch Schraffur oder durch Ausfüllen der sonst weißen Flächen mit Punkten Zwischentöne hineinbringt, wie in Abb. S. 30 bei einem Teil der Flächen geschehen. Daß im übrigen die sonst noch vorhandenen weißen Flächen das Bild nicht zerreißen, ist, ebenso in Abb. S. 21, auf die Tönung des Hintergrundes zurückzuführen. Ein technisches Hilfsmittel für die Hervorbringung solcher Tönungen ist der Gebrauch von „Schabpapier“. Dieses Papier ist mit feinen Linien oder Punkten überdruckt, die einen vermittelnden Untergrund für die Zeichnungen bilden. Durch Schaben lassen sich die Striche leicht entfernen und somit ganz weiße Flächen herstellen. Übrigens ist es auch möglich, noch bei der Herstellung des Klischees durch ein mechanisches Verfahren an gewissen Stellen Linien- oder Punktmuster (Raster) anzubringen. Das Verfahren wird als „Tangiermanier“ bezeichnet.

Auch in der sehr wirksamen Anzeigenzeichnung auf S. 87 ist das Verfahren der Flächentönung mit Erfolg angewandt.

Der getönte Untergrund ergibt sich von selbst, wenn man von einer Zeichnung an Stelle einer Strichätzung eine Autotypie mit Raster herstellt, die allerdings weit teurer ist. Es ist dann auch möglich, in den hellen Teilen des Bildes Schattierungen anzubringen. Aus den Gründen, die in dem Abschnitt über Druckverfahren auf S. 31 auseinandergesetzt sind, läßt sich eine solche Autotypie, die nur aus ganz dunklen oder ganz hellen Partien

---

[1]) Die in der Unterschrift von Abb. S. 21 gebrauchte Bezeichnung „tons“ trifft man leider immer noch häufig in deutschen Drucksachen und Angeboten. Im Deutschen haben wir für 1000 kg die Bezeichnung „1 Tonne“ (1 t), Mehrzahl „Tonnen“. Das englische Wort „ton“ wird für zwei verschiedene Maße gebraucht, short ton und long ton, von denen keines mit dem deutschen Maß, das doch hier gemeint ist, übereinstimmt.

besteht, auch auf geringem Papier meistens noch befriedigend drucken. Daß auch eine in zarten Tönen gehaltene Zeichnung stark wirken kann, beweist die einem Flugblatt

Abnehmen eines starken Spanes auf der Drehbank (Boecker & Co., Remscheid), kennzeichnend für die Güte des bearbeiteten Materials. Aufnahme von W. Roerts, Hannover. Gegenüber dem Hauptmotiv tritt alles Beiwerk zurück. Mann in richtiger Arbeitstellung. (Text auf S. 16.)

entnommene Abb. S 25. Aus der grauen Regenstimmung hebt sich das fünfmal wiederholte Motiv der runden Glasdächer in ungemein auffallender Weise heraus. Die Zeichnung ist künstlerisch eine hervorragende Leistung.

Der Zeichner hat noch weit stärkere Mittel an der Hand, um das Motiv des Bildes wirksam herauszuholen, als der Photograph, vor allem, indem er überflüssige Einzelheiten unterdrückt, irgendeine eigenartige Form mehrmals wiederholt — wie in Abb. S. 25 — oder die Hauptlinien des Bildes nach dem wichtigsten Punkt hin zusammenführt. Dabei braucht, wie schon bei Besprechung von Abb. S. 11 erwähnt, der Hauptgegenstand selbst in der Gesamtzeichnung nur geringen Raum einzunehmen. In Abb. S. 29 ist durch Lichtstreifen auf dem Fußboden, in Abb. S. 31 durch eigenartige Verwendung des Fliesenfußbodens die Hervorhebung klein dargestellter Maschinen gelungen. Darstellungen dieser Art wirken nicht nur innerhalb der übrigen Anzeigen auffällig, sondern auch für das Auge wohltuend, weil es das Thema der Darstellung in konzentriertester Form vorgesetzt bekommt, also nicht zu wandern braucht.

4. GEGENSTAND DER BILDLICHEN DARSTELLUNG

Die Frage, WAS dargestellt werden soll, ist allgemein dahin zu beantworten, daß alles, was durch Worte gesagt werden kann, sich auch durch das Bild darstellen läßt, wenn auch nicht immer in so allgemein verständlicher Weise, daß der erläuternde Text ganz entbehrt werden könnte. Man braucht sich z. B. bei Maschinen nicht einmal auf die Darstellung von Konstruktionen zu beschränken, sondern kann auch abstrakte Eigenschaften der Maschine durch das Bild verdeutlichen, und zwar in einer viel eindrucksvolleren Weise als durch Worte.

Welche Gesichtspunkte bei der konstruktiven Darstellung einer vollständigen Maschine zu beachten sind, wurde auf S. 14 schon erläutert. Meistens werden Maschinen, die schon in der Fabrik zusammengesetzt werden können, hier aufgenommen[1]) und der überflüssige Hintergrund durch Retusche entfernt. Für den Retuscheur wird die Arbeit sehr erleichtert, wenn man als Hintergrund einen ausgespannten Vorhang benutzt, von dem sich die Teile der Maschine klar abheben. Zwar ist auch in diesem Falle ein Bearbeiten des Hintergrundes erforderlich, aber wenigstens ist das Bild für den Retuscheur ohne weiteres verständlich, so daß er nicht Gefahr läuft, Teile des Hintergrundes als zur Maschine gehörig anzusehen. Man lasse die Aufnahmen nur bei guter Beleuchtung machen und sorge durch Anbringung weißer Tücher, die das vom Fenster einfallende Licht auf die nicht beleuchteten Flächen der Maschine zurückwerfen, durch Anwendung von Blitzlicht und dergleichen dafür, daß schon bei der Aufnahme alle wichtigen Teile klar herauskommen und scharf gezeichnet sind, da es mit Kosten verbunden ist und auch selten vollkommen gelingt, einzelne Teile nachträglich einzuzeichnen. Bereits beim Bau der Werkstatt sollte darauf geachtet werden, daß ein geeigneter Platz zum Photographieren vorhanden ist, und daß die Maschinen, die photographiert werden sollen, an dieser Stelle montiert werden können oder leicht dorthin zu schaffen sind. Das Photographieren der Maschinen verschiedener Typen ist ja nicht allein für die Reklame wichtig, sondern bildet auch für den inneren Betrieb des Werkes ein unschätzbares Hilfsmittel, da auf keine andere Weise eine so rasche Verständigung über die anzubietende Type möglich ist, wie an Hand photographischer Aufnahmen. Auch dem Konstrukteur, der später ein-

---

[1]) Vgl. Hansen: „Wie photographiert man Maschinen?" in „Die Werkzeugmaschine" 1916 S. 117. U. a. wird hier, um die Spiegelung der glatten Metallteile zu vermeiden, empfohlen, einen feinen Wasserniederschlag auf den glänzenden Teilen zu erzeugen oder sie mit einer Lösung von schwefelsaurem Baryt (Schwerspat) dünn zu überstreichen.

mal eine Änderung an der Maschine vornehmen oder einen ähnlichen Typ entwerfen soll, wird die Arbeit wesentlich erleichtert, wenn er gute Abbildungen der ersten Maschine vor sich hat. In einer Sammlung von Photographien läßt sich auf engstem Raume eine

Silhouettenartige Schwarz-Weiß-Zeichnung mit getöntem Hintergrund. (Text auf S. 18.)

übersichtliche Zusammenstellung aller vorhandenen Modelle schaffen und ein Überblick über die Entwicklung der Bauarten geben.

Wesentlich besser als ein weißer wirkt ein dunkler Hintergrund bei Maschinenaufnahmen, weil das Auge dabei nicht geblendet wird. Es ist unnatürlich, wenn die leere Fläche, die dem Beschauer nichts sagt, die größte Lichtstärke erhält. Wie viel klarer und eindrucksvoller ein dunkler bzw. getönter Hintergrund das Bild hervortreten läßt, wird u. a. durch Abb. S. 23 veranschaulicht. Namentlich bei Darstellung einzelner Maschinenteile ist der dunkle Hintergrund bequem und vorteilhaft zu verwenden[1].

Vollständige Zeichnungen von Maschinen werden in Anzeigen selten benutzt, weil sie in der Regel aus einer großen Zahl dünner Linien bestehen, so daß die Darstellung auf den ersten Blick nicht eindrucksvoll wirkt. Würde man die sachliche Belehrung mehr in den Vordergrund rücken und das Publikum daran gewöhnen, in Anzeigen sachliche Aufklärung zu suchen, so käme auch die Konstruktionszeichnung an dieser Stelle mehr zu ihrem Recht. Zu wenig wird von der Möglichkeit Gebrauch gemacht, durch schematische Darstellungen mit wenigen Linien das Hauptkennzeichen einer Bauart herauszuheben. Solche schematische Zeichnungen, die auf den ersten Blick das Wesentliche erkennen lassen, sind auch für Drucksachen zu empfehlen.

Einzelheiten lassen sich nicht nur durch Konstruktionszeichnungen, sondern oft noch klarer durch Photographien oder photographieähnlich ausgeführte perspektivische Zeichnungen darstellen. Beispiele geben S. 33 und 35, beides sehr klare konstruktive Darstellungen. Abb. S. 33 ist wirksamer infolge der größeren Einfachheit des Gegenstandes und der sehr lebendigen Veranschaulichung des durch das Lager fließenden Ölstromes. Abb. S. 35 enthält reichlich viel Einzelheiten und ist auch für den Druck auf schlechtem Papier wegen der zahlreichen Abstufungen in den Tönen und der Kleinheit der Flächen weniger geeignet. Beide Bilder würden sich durch sachgemäße Retusche noch wesentlich verbessern lassen. Am einfachsten erhält man übrigens eine Darstellung innerer Teile, wenn man ein aufgeschnittenes Stück zum Photographieren herstellt, das sich außerdem als Demonstrationsmodell für Besucher des Werkes verwenden läßt. Eine richtige perspektivische Zeichnung auszuführen macht immerhin Schwierigkeiten.

Ein recht gutes Mittel zur Veranschaulichung, das aber einen geschickten Zeichner voraussetzt, ist auch das, nur die inneren Teile voll, die äußeren aber durchsichtig darzustellen. Erläutert wird dieses Verfahren durch Abb. S. 36.

Abb. S. 37 ist ein Beispiel dafür, wie durch Vergleich mit einer menschlichen Figur die gewaltigen Abmessungen eines Maschinenteils veranschaulicht werden können.

Eine Darstellung wie diese, die nur ein Einzelelement einer Maschine, dieses aber in wuchtiger und eindrucksvoller Form bringt, kann viel stärker wirken als Abbildungen ganzer Maschinen oder Anlagen, die sich nicht einem Motiv von kräftiger Wirkung unterordnen. Ganz verfehlte, aus viel zu vielen einzelnen Elementen bestehende und daher in der Wirkung zersplitterte Darstellungen findet man besonders häufig im Eisenbau. Dem gegenüber ist der Entwurf S. 39 von außerordentlicher Kraft und unter anderen Bildern kaum zu übersehen.

5. EIGENSCHAFTEN VON MASCHINEN IN DER BILDLICHEN DARSTELLUNG. DIAGRAMME

Zu den mehr abstrakten Eigenschaften einer Maschine, die sich durch das Bild illustrieren lassen, gehören u. a. ihre Leistungsfähigkeit, ihre Anwendbarkeit auf verschiedene Fälle, die Unempfindlichkeit gegen äußere Einflüsse, ihre selbsttätige Arbeitsweise,

[1]) Für Diapositive von Zeichnungen fordern die von Dr. Ing. Lasche aufgestellten „Leitsätze für Vortragswesen und Lehrmittel", die den Arbeiten der „Technisch-Wissenschaftlichen Lehrmittelzentrale" (Berlin NW 87, Huttenstr. 12/16) zugrunde liegen, weiße oder farbige Linien auf dunklem Grund.

die Sicherheit des Bedienungspersonals und die Höhe der Betriebs- und Unterhaltungskosten. Die LEISTUNGSFÄHIGKEIT läßt sich weniger gut bei Antriebs- als bei Arbeitsmaschinen veranschaulichen, so bei Werkzeugmaschinen durch die Stärke des abgenommenen Spanes (vgl. Abb. S. 15, 19 und 121) oder die Anzahl der gleichzeitig bearbeiteten Stücke, bei Kranen durch den Umfang der gehobenen Last, bei Fördereinrichtungen durch die rasche Folge der Einzellasten auf der Strecke oder die große Belastung des Förderers auf die Längeneinheit. Zur Erläuterung der ANWENDBARKEIT photographiere man die Maschine beim Arbeiten unter verschiedenen Verhältnissen und lege besonderes Gewicht darauf, die Umgebung kenntlich zu machen. Um zu zeigen, daß die Maschine in

Schwarz-Weiß-Zeichnung, zusammengehalten und in der Wirkung sehr verstärkt durch den getönten Hintergrund. (Text auf S. 18 und 22.)

allen Weltgegenden benutzt wird, kann man die eingeborenen Wärter oder Hilfsarbeiter auf der Photographie erscheinen lassen. Unempfindlichkeit gegen äußere Einflüsse wird ebenfalls durch Aufnahme der Maschine in ihrer Umgebung, beispielsweise an staubigen, schmutzigen Arbeitsplätzen verdeutlicht. Ein Bild, auf dem Bedienungspersonal fehlt oder nur in sehr geringer Anzahl vorhanden ist, wirkt nur dann eindrucksvoll und charakteristisch für das selbsttätige Arbeiten der Maschinenanlage, wenn aus dem Bilde hervorgeht, daß die Maschine sich in vollem Betriebe befindet. Die geringe Höhe der BETRIEBS- UND UNTERHALTUNGSKOSTEN läßt sich durch Diagramme anschaulich machen, die aber sehr sinnfällig sein müssen, wenn sie mehr Wirkung haben sollen als Zahlentafeln. Bei den meisten Diagrammen ist die zugehörige Erläuterung nicht übersichtlich genug; wenn möglich, sollte die Beschriftung unmittelbar über der Kurve stehen. Zweckmäßig wird noch eine Kurve beigegeben, welche das ältere Verfahren vor Einführung der neuen Bauart oder Arbeitsmethode kennzeichnet. Hierher gehört Abb. S. 103, die den Kraftverbrauch einer Walzenstraße bei Gleitlagern — in schwachen Linien — und bei Rollenlagerung — in starken Linien — veranschaulicht. Die Linien des Diagrammes an sich sind einfach und klar, die Beschriftung und die ganze Aufmachung der Anzeige hätten aber noch besser sein können. Der WIDERSTAND GEGEN ABNUTZUNG bei wichtigen Maschinenteilen läßt sich durch die Photographie eines Stückes veranschaulichen, das längere Zeit im Betriebe gewesen ist. Solche Darstellungen können sehr interessant sein, müssen aber sorgfältig ausgewählt und in charakteristischer, leicht verständlicher Weise ausgeführt werden, da sie sonst nichtssagend und langweilig wirken.

Der Umfang der Lieferungen eines Werkes läßt sich einerseits durch Diagramme, anderseits durch Abbildungen veranschaulichen, die eine größere Anzahl von Maschinen bei der Montage in der Fabrik oder gleichzeitig auf einem Arbeitsplatz zeigen. Charakteristisch ist das Bild aus dem Hamburger Hafen (Abb. S. 41). Dadurch, daß der Fabrikant zeigt, in welcher Anzahl er die Maschinen herstellt, liefert er einen Beweis dafür, daß die Güte seiner Erzeugnisse anerkannt wird. Anderseits aber wirken solche Bilder auch in der Weise suggestiv, als sie den Käufer beeinflussen können, sich gleich zur Anschaffung einer größeren Anzahl von Maschinen zu entschließen.

6. FABRIKANSICHTEN

Die schwierigsten Gegenstände für wirkungsvolle Darstellungen sind Gesamtansichten von Fabriken. In der Regel stehen eine Anzahl wenig charakteristische Gebäude neben- und hintereinander, und es fehlt ein Punkt, den der Darsteller als Mittelpunkt eines Motives erfassen und festhalten könnte. Fabrikanlagen wirken daher durchweg unkünstlerisch, gewissermaßen wie ein trockener Bericht. Ihre Aufgabe, den Beschauer von der Größe und Bedeutung des Werkes zu überzeugen, können sie immerhin erfüllen, doch vermeide man es, sie als Hauptgegenstand in einer Anzeige oder auf der ersten Seite einer Drucksache zu verwenden.

In Abb. S. 43 oben ist der Versuch gemacht, von dem Werke nur Umrisse zu zeigen, die den Eindruck erwecken, daß es sich um eine große Fabrikanlage handeln muß, ohne daß ein Gewirr von einzelnen Baulichkeiten die Wirkung des Ganzen zerstört. Dieses Verfahren, den Beschauer mehr ahnen als sehen zu lassen, dürfte vielleicht die Aufgabe noch am besten lösen. Ein interessantes Gegenstück bildet die untere Darstellung, die mehr Einzelheiten zeigt und der geschlossenen Wirkung ermangelt, ohne den Eindruck von dem Umfang der Werksanlagen zu verstärken.

Befriedigend können Photographien aus der Vogelschau wirken. Es ist gelungen, von Luftschiffen aus hervorragend schöne landschaftliche Aufnahmen zu machen, und so dürfte es unter günstigen Verhältnissen auch möglich sein, befriedigende Gesamtansichten industrieller Werke herzustellen. Dazu gehört aber, daß der Photograph sich den besten Standpunkt aussuchen kann, und da dies nur vom lenkbaren Luftschiff aus möglich ist, werden solche Aufnahmen außerordentlich teuer. Zuweilen bietet auch ein in der Nähe befindlicher Turm oder Hügel zufällig Gelegenheit zu einer guten Aufnahme.

Leichter ist es, gute Ansichten einzelner wichtiger Gebäude oder Innenansichten großer Hallen zu bekommen. Im letzteren Falle strebe man dahin, den Eindruck der vollen Arbeitstätigkeit zu erwecken. Die Leute müssen also während der Dauer der Belichtung in der richtigen Arbeitstellung stillstehen. Verwischte Personen im Vordergrunde lassen

In zarten Tönen gehaltene, besonders durch die mehrfache Wiederholung des gleichen Motivs wirksame Zeichnung. (Nach einem Flugblatt „Kittlose Glasdächer" von C. H. Jucho, Dortmund.) (Text auf S. 17 u. 19.)

sich sehr schwer retuschieren. Sehr leicht werden allerdings solche Bilder unruhig infolge der Menge und Verschiedenartigkeit der Gegenstände, die sich in der Werkstatt befinden. Weitaus die beste Wirkung erhält man durch Aufnahme von Hallen, in denen eine Anzahl gleichartiger Maschinen gleichzeitig zusammengestellt werden, zumal hierdurch der Eindruck starker Beschäftigung, großer Leistungsfähigkeit und einer gut durchgebildeten Sonderfabrikation auf dem betreffenden Gebiete erweckt wird (Abb. S. 44).

Auch Außenansichten kann man unter Umständen in irgendeiner Weise beleben, etwa durch den aus dem Fabriktor herausflutenden Strom der Arbeiter.

Zu den Innenansichten gehört die Darstellung wichtiger Sondermaschinen oder Arbeitsvorgänge, durch welche die Güte der hergestellten Erzeugnisse wesentlich mit bedingt wird. Auch hier bringe man nach Möglichkeit nur wirklich kennzeichnende Aufnahmen und nicht alltägliche Bilder, die in jeder beliebigen Maschinenfabrik entstanden sein können. Ein gutes Beispiel ist Abb. S. 45, die in eindrucksvoller Weise zeigt, mit welcher Sorgfalt die in den Kruppschen Werkstätten hergestellten großen Schmiedestücke auf ihre Brauchbarkeit geprüft werden.

7. SCHRIFT. ANORDNUNG VON TEXT UND BILD

Von den unendlich vielen SCHRIFTARTEN, die zur Verfügung stehen, kommen die deutschen oder Frakturschriften schon deshalb weniger in Betracht, weil sie ein nicht so ruhiges, klares Gesamtbild geben, wie die lateinische oder Antiquaschrift. Ausschlaggebend zugunsten der letzteren ist aber vor allem der Umstand, daß die meisten Firmen auf Geschäfte mit Ausländern rechnen und diese, auch wenn sie gut Deutsch verstehen, doch die deutsche Schrift gewöhnlich schlecht lesen können.

In neuerer Zeit sind eine ganze Reihe guter Antiquaschriften aufgetaucht, die ein apartes Aussehen haben, ohne übertriebene, groteske Formen aufzuweisen und schlecht lesbar zu sein. Sehr bekannt sind die Schriften von TIEMANN und BERNHARD geworden, von denen auf S. 46 Proben gegeben sind. Die Schrift von Tiemann ist sehr zart und eignet sich nicht zur Hervorbringung grober Wirkungen, sondern mehr für feinen, künstlerischen Satz. Für glänzendes Kunstdruckpapier ist sie nach meiner Erfahrung wenig geeignet, weil die Schrift darauf zu dünn erscheint, während sie auf mattem oder rauhem Papier ganz hervorragend schön wirken kann. Die Bernhard-Antiqua ist ausgesprochen schwer, sowohl in den kleinen wie in den großen Graden. Sie lehnt sich an englische Vorgänge an. Ziemlich rasch hat sich die „BRAVOURSCHRIFT" Eingang verschafft, die in den großen Graden schwer, in den kleinen ganz zart ist, so daß sich sehr starke Kontraste im Satz ergeben. Die Schrift eignet sich vorzugsweise für Anzeigen, in denen kleingesetzte Textpartien wie graue Flächen wirken, so daß die hervorgehobenen starken Zeilen sich außerordentlich kräftig abheben. Für längere Drucksachen belehrenden Charakters kommt die Schrift weniger in Frage. Für solche Zwecke ist eine einfache, unverzierte, aber gut geschnittene Antiqua vielleicht immer noch das empfehlenswerteste, weil das Auge beim langen Lesen ungewohnter künstlerischer Schriften leicht ermüdet. Für kurzen Text spielt dieser Gesichtspunkt keine Rolle.

Es ist auffallend, wie oft in der modernen Reklame der Grundsatz der GUTEN LESBARKEIT des Textes vollständig verleugnet wird. Gerade künstlerisch hochstehende Druckereien sind nicht selten nur mit Mühe dahin zu bringen, daß sie in dieser Beziehung den Wünschen der Auftraggeber gerecht werden. Bei der eigenen Reklame der Druckereien findet man immer und immer wieder den Fehler, daß aus übertriebenem Stilgefühl die Lesbarkeit dem Gesamteindruck untergeordnet wird. Derartige Reklamen können wohl auffallend sein, sind aber nicht immer wirksam. Bedenklich ist die übertriebene Anwendung von Zeilen aus großen Buchstaben, die allerdings mit ihrer durchlaufend gleichen Höhe ein geschlossenes Zeilenbild geben, aber schlecht zu lesen sind, wie Abb. S. 49 beweist. Die Anzeige als Ganzes ist zwar recht auffallend, sie erfordert aber für den Ungeübten Zeit zur Entzifferung[1]). Große Buchstaben sollten nur ausnahmsweise für einzelne Überschriftzeilen oder Worte, nicht aber im längeren Satz angewandt werden. Wohl mag für Anzeigen, die sich an das Buchgewerbe richten, derartiger Satz zulässig sein, weil man in diesen Kreisen daran gewöhnt ist, nicht aber für die große Masse der Abnehmer industrieller Erzeugnisse. Die Druckereien lieben es ferner sehr, den Text ohne Absatz, nur durch Striche oder Zeichen getrennt, hintereinanderweg zu setzen, um ein geschlossenes Satzbild zu erhalten. Das ist ebenfalls zu verwerfen, weil dabei die Über-

Vorzüglich durchgeführte plakatmäßige Zeichnung (Demag, Duisburg). Weglassung aller unwesentlichen Einzelheiten, starke Wirkung der Farbflecke. (Text auf S. 17 und 66.)

sichtlichkeit verloren geht und das Verständnis erschwert wird. Lieber möge man, um bei künstlerisch gut ausgeführten Drucksachen lange leere Zeilenstücke, die den Satz zerreißen würden, zu vermeiden, dem Text noch einige Worte hinzufügen.

Abbildungen und Text müssen immer so zueinander angeordnet werden, daß die zum Text gehörige Abbildung SCHNELL ZU FINDEN ist und umgekehrt. Ausführliche Unterschriften unter den Bildern, die kurz erklären, was die Bilder zeigen sollen, ergänzen in wirksamer Weise Erläuterungen, die zwischen anderem Text stehen, oder können sie überhaupt ersetzen, ein Verfahren, das auch in belletristischen Zeitschriften gern geübt

---

[1]) Die Firma Flender ist bei ihren Bemühungen um eine Hebung ihrer Reklame neuerdings zu einfacheren, klareren Formen gelangt.

wird, um den vielbeschäftigten Leser zu entlasten. Sehr viele Drucksachenempfänger sehen sich ja nur die Bilder an; gerade die maßgebenden Persönlichkeiten, die man vor allem mit der Werbung erreichen möchte, haben in der Regel keine Zeit, im Text nach den erklärenden Worten zu suchen.

8. ALLGEMEINES ÜBER DEN BUCHDRUCK

Der Buchdruck beruht bekanntlich darauf, daß die in der ebenen oder zylindrischen Druckform liegenden Flächen, Linien und Punkte mit Farbe eingewalzt werden und dann beim Anpressen gegen das Druckpapier ihre Farbe an dieses abgeben, während die tieferliegenden Teile nicht drucken. Die Farbe an verschiedenen Stellen der Form ungleichmäßig aufzutragen, ist nicht möglich, sondern der Druck erfolgt überall gleich kräftig.

Oberfläche eines Raster-Klischees (Autotypie), vergrößert. Text nebenstehend.

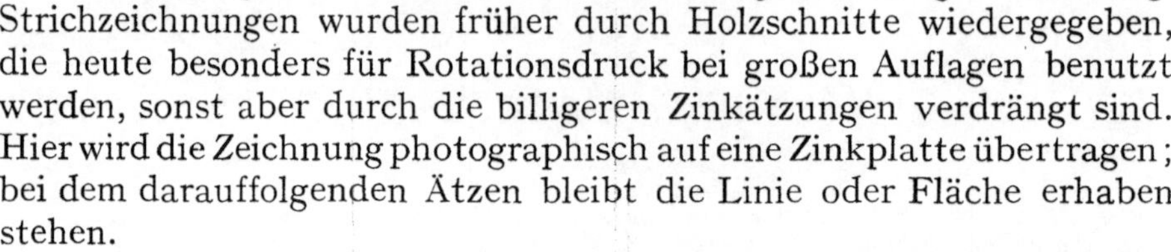

Strichzeichnungen wurden früher durch Holzschnitte wiedergegeben, die heute besonders für Rotationsdruck bei großen Auflagen benutzt werden, sonst aber durch die billigeren Zinkätzungen verdrängt sind. Hier wird die Zeichnung photographisch auf eine Zinkplatte übertragen; bei dem darauffolgenden Ätzen bleibt die Linie oder Fläche erhaben stehen.

Halbtöne lassen sich beim Buchdruck nur nach dem sogenannten Rasterverfahren darstellen, das zur Wiedergabe von Photographien allgemein angewandt wird. Die Fläche ist hier in dicht beieinanderliegende Punkte aufgelöst, die größeren oder kleineren Durchmesser haben, bei ganz dunklen Flächen auch wohl untereinander zusammenhängen, wie die nebenstehende Abbildung vergrößert darstellt.

Nach diesem Verfahren lassen sich Schrift und Abbildungen in EINEM Arbeitsgange drucken. Kostspielig sind allerdings die Druckstöcke (Klischees) für die Abbildungen. Bei Autotypien kostete vor dem Kriege 1 qcm bei Ätzungen in Kupfer 10, in Zink 9 Pfennig[1]). Druckstöcke nach Strichzeichnungen ohne Halbtöne, sogenannte Zinkätzungen, kosteten 5 Pf./qcm. Wenn ein Stock häufiger gebraucht oder nach auswärts geschickt werden soll, so empfiehlt es sich, nicht das Original zu verwenden, sondern davon Galvanos anfertigen zu lassen. Es sind dies dünne galvanische Kupferniederschläge, die mit Blei hintergossen werden. Solche Galvanos, die vor dem Kriege $1\frac{3}{4}$ bis 2 Pf./qcm kosteten, stehen, was Güte des Druckes anlangt, dem Original kaum nach. Jedenfalls ist der Unterschied so gering, daß er für Laien keine Rolle spielt. Die Druckstöcke werden in Schränken mit flachen Schubladen aufbewahrt, deren Höhe der Stärke der auf Holz genagelten Klischees entspricht, und sind nach irgendeinem Verfahren, vorteilhaft mit Hilfe von Karten, so zu registrieren, daß sie schnell gefunden werden können.

9. RETUSCHE VON PHOTOGRAPHIEN

Vor dem Klischieren einer Photographie ist immer noch eine Retusche nötig, durch welche die Teile, die wichtig sind, hervorgehoben, Umrißlinien schärfer festgelegt und störende Flecke, Lichthöfe oder andere Fehler im photographischen Verfahren beseitigt

[1]) Das starke Schwanken der Preise macht es unmöglich, für die Gegenwart irgendwelche Zahlen zu nennen.

werden. Eine gute Retusche zu bekommen ist nicht leicht, denn das Verständnis der Retuscheure hört auf, sobald es sich um etwas anderes als um einen Gegenstand des täglichen Bedarfs oder eine Maschine der einfachsten und allerbekanntesten Art handelt; nicht selten werden die Bilder durch die Retusche vollständig entstellt. Sehr vorteilhaft ist es deshalb, wenn eine Firma in der Lage ist, einen eigenen Retuscheur anzustellen. Sonst bemühe man sich darum, daß die Retusche nur durch einen bestimmten Angestellten der Klischieranstalt ausgeführt wird, und unterrichte ihn auf das genaueste. Die meisten Retuscheure glauben, daß es bei einer Maschinenanlage besonders auf die Einzelheiten ankomme, und sie versuchen daher, in die Schattenpartien, wo auf der Photographie die Einzelheiten fehlen, recht viel hineinzuzeichnen. In Wahrheit kommt es ganz darauf an, was das Bild im Einzelfalle bezweckt. Für die Belehrung der Käufer über bestimmte vorteilhafte Eigenschaften der Maschine sind Darstellungen von Einzelheiten unter Umständen nicht zu entbehren, und Abbildungen für diesen Zweck müssen deshalb in der Tat so genau wie möglich durchgezeichnet sein. Soll dagegen das Bild dazu dienen, beim flüchtigen Durchblättern von Drucksachen oder des Anzeigenteils einer Zeitschrift das Auge anzuziehen, kommt es also auf Reklamewirkung im engeren Sinne an, so sind die für das Verständnis nicht unbedingt notwendigen Einzelheiten zu unterdrücken, denn nur so kann das Bild packend — plakatmäßig — wirken. In solchem Falle gehört sowohl künstlerisches Gefühl als auch genaue Kenntnis der Maschinenanlage und ihres Zweckes dazu, um das Richtige zu treffen.

Hervorhebung des Hauptgegenstandes der Anzeige durch darauf zulaufende Linien. (Text auf S. 20.)

Auf jeden Fall hüte man sich bei der Retusche vor zuviel. Lieber gar keine als eine schlechte Retusche! Die sogenannte amerikanische Retusche, bei der das ganze Bild überarbeitet wird, alle Reflexe und Schlagschatten weggebracht werden und schließlich eine wunderbar schöne, blitzblanke Maschine aus den Händen des Retuscheurs hervorgeht, sollte man nur für solche Maschinen anwenden, die im Betriebe tadellos gehalten zu werden pflegen. Sonst retuschiere man, wenn möglich, nur so viel, daß photographische Fehler, wie Lichthöfe, zufällige Reflexe und dergleichen fortfallen und reproduktionsfähige, wirkungsvolle Bilder entstehen.

Durch geschickte Hervorhebung des Wesentlichen läßt sich oft aus einer schlechten Photographie noch etwas Gutes machen. Ausgedehnte Retuschen sind indessen mühevoll und kostspielig.

10. WAHL DES RASTERS BEI AUTOTYPIEN

Eine wichtige Frage bei der Herstellung der Autotypie ist die, welcher Raster benutzt werden soll. Der Raster ist bekanntlich ein sehr feines, auf einer Glasplatte angebrachtes Liniennetz, durch das hindurch die Originalvorlage auf die Zink- oder Kupferplatte photographiert wird, zu dem Zwecke, das Ganze in Punkte zu zerlegen (vgl. Abb. S. 28). Je feiner der Raster ist, um so dichter rücken die Punkte zusammen, und um so schärfer wird also das Bild. Voraussetzung ist aber, daß ein entsprechend glattes Papier für den Druck verwandt wird. Raster über 60 Linien auf 1 cm sind eigentlich nur für Kunstdruckpapier mit Kreidestrich zu verwenden. Man geht bis auf 80, allenfalls auch auf 90 Linien hinauf, doch genügt für die meisten Fälle ein Raster von 70 Linien vollauf. Ein feinerer Raster nötigt zu häufigerem Auswaschen der Form und erschwert daher den Druck. Es empfiehlt sich für eine Firma, einen bestimmten Raster für alle Klischees festzulegen und dabei zu bleiben, weil es für den Drucker ziemlich schwierig ist, mit Klischees von verschiedener Rasterfeinheit in einer Form zu drucken.

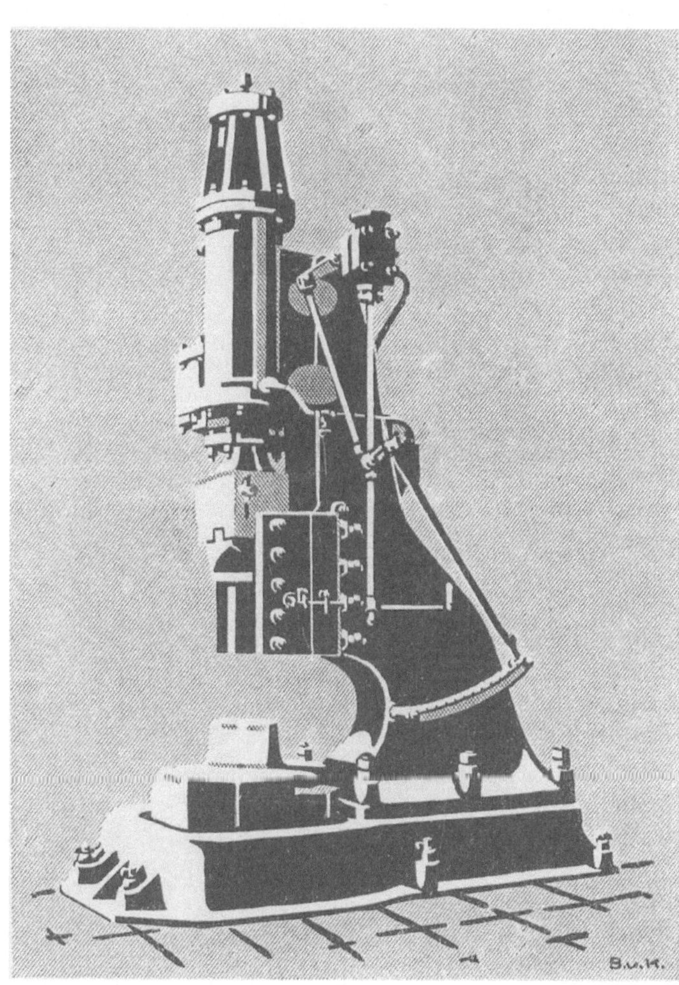

Schwarz-Weiß-Zeichnung mit teilweise schraffierten Flächen und getöntem Hintergrund; daher geschlossen wirkend (G. Brinkmann, Witten a. d. Ruhr). (Text auf S. 18.)

Bei gut geglättetem Papier ohne Kreidestrich, sogenanntem Natur-Kunstdruckpapier, ist ein Raster von 60 Linien noch ganz gut anzuwenden. Bei geringwertigem Anzeigenpapier, wie es von deutschen und anderen Zeitschriften des europäischen Festlandes benutzt wird, kann es zweckmäßig sein, auf 50 oder 40 Linien oder noch weiter hinunterzugehen.

Für Mattkunstdruckpapier ist ein Raster von 60 Linien zu empfehlen. Wenn daher solches Papier häufiger verwandt werden soll und übergroße Schärfe der Bilder nicht erforderlich ist, so empfiehlt es sich, diesen Raster durchgängig anzuwenden. Wird dagegen nur glänzendes Kunstdruckpapier verwandt, so empfehle ich 70er Raster oder, wenn auf Schärfe der Bilder besonderer Wert gelegt wird, 80er Raster festzulegen. Für Drucksachen, die ausnahmsweise auf anderem Papier hergestellt werden sollen, können dann gegebenenfalls besondere Druckstöcke angefertigt werden.

Um auch auf schlechtem Papier mit verhältnismäßig feinem Raster arbeiten zu können, habe ich mit Erfolg das nachstehend beschriebene Verfahren angewandt. Bekanntlich liegt der Grund, weshalb bei nicht geglättetem Papier mit feinem Raster gewöhnlich ein schlechter Druck zustande kommt, darin, daß die dicht neben einander liegenden Rasterpunkte nicht scharf genug drucken und ineinanderfließen, so daß das Bild verwischt wird. Das macht sich besonders in den dunklen Teilen des Bildes geltend, während die Punkte in den hellen Teilen, wo sie nur geringen Durchmesser haben, mit ihren Rändern weit genug voneinander abstehen. Deshalb habe ich die Bilder so retuschieren lassen, daß nur ganz helle und ganz dunkle Bildteile vorhanden waren und infolgedessen in den hellen Teilen die Punkte noch scharf voneinander getrennt ausdruckten, während an den dunklen Stellen die Punkte sich nicht voneinander trennten und somit ganz schwarze Flächen entstanden. Ein Beispiel für diese Ausführungsart gibt Abb. S. 32. Klischees, die in dieser Weise behandelt sind, ergeben selbst auf minderwertigem Druckpapier und bei mangelhafter Zurichtung gute Drucke. Gleichzeitig sind die Bilder infolge der starken Kontraste reklamemäßig wirksam, ohne daß doch bei geschickter Retusche der Eindruck verloren zu gehen braucht, daß es sich um ein von der Anlage abgenommenes Bild, nicht um eine Zeichnung handelt. Allerdings eignet sich nicht jedes Bild für dieses Verfahren.

Hervorhebung des Gegenstandes der Anzeige durch Schaffung eigenartig verlaufender Linien im Fliesenfußboden (Entwurf von Franz A. Peffer, Berlin). (Text auf S. 20.)

Grundsätzlich sollte man auch bei den für Kunstdruckpapier bestimmten Klischees in der Retusche dahin streben, die wichtigen Teile möglichst frei, hell oder dunkel, auf einen entgegengesetzt getönten Hintergrund zu stellen. Es ist sonst für den Drucker außerordentlich schwierig, diese Teile richtig zur Wirkung zu bringen.

10. ZURICHTUNG UND DRUCK

Das wichtigste Hilfsmittel, das beim Buchdruck zur Verfügung steht, um einen klaren und schönen Druck zu erzielen, ist die Zurichtung. An denjenigen Stellen des Bildes, die kräftig drucken sollen, werden genau ausgeschnittene Papierstückchen auf den Druckzylinder der Maschine gelegt, wodurch diese Teile dunkel und die lichten Partien frei von dunklen Flecken werden. Das Zurichten von Autotypien ist sehr mühevoll und kostspielig, und dem Drucker wird die Arbeit bedeutend erleichtert, wenn die Klischees von vornherein so ausgeführt sind, daß sie leicht zum klaren Drucken gebracht werden können.

Der DRUCK selbst wird mit Rotationsmaschinen oder sog. Schnellpressen ausgeführt. Bei den ersteren ist die Druckform auf einen Zylinder aufgewickelt, so daß die Klischees entsprechend gebogen werden müssen, bei den Schnellpressen liegt sie flach.

Mit dem leistungsfähigen Rotationsdruck werden in Deutschland fast nur geringwertige Massenauflagen, vor allen Dingen Tageszeitungen, hergestellt, wobei der Druck von Autotypien so gut wie ausgeschlossen ist. Indessen läßt sich das Verfahren auch für hochwertigen Autotypiedruck ausbilden. Schnellpressen liefern, wenn gute Leistungen erzielt werden sollen, ungefähr 1000 Drucke in der Stunde, Rotationsmaschinen bis zu 10000 Drucken.

11. DRUCKFARBE

Für den Druck von Autotypien ist Schwarz zu empfehlen, und zwar entweder rein oder mit einem Stich ins Grüne oder Blaue. Derartige Tönungen kommen besonders für Doppeltonfarben in Frage; der Text erscheint dann, wenn er mit derselben dunklen Farbe gedruckt wird, dem Auge völlig schwarz. Helle Töne in Blau, Grün, Braun oder Rot ergeben meistens flaue, kraftlose Bilder. Auch der Text wirkt nicht schön, wenn er in hellen Farben gedruckt wird.

Für Druck auf schlechtem Papier geeignetes Bild; wichtige Teile dunkel retuschiert auf hellem Hintergrund. (Text auf S. 31.)

Es empfiehlt sich, für Reklamedrucke gute FARBE zu verwenden und beim Druck reichlich Farbe zu geben, damit die Bilder kräftig wirken. Die Drucker wenden gewöhnlich ein, daß dann die dunklen Partien verschmiert werden und die Einzelheiten verloren gehen. Wie schon wiederholt betont, ist das in den meisten Fällen unerheblich. Gute Wirkungen gibt Doppeltonfarbe, die infolge chemischer Einwirkung auf das Papier bald nach dem Druck in den helleren Partien eine etwas veränderte Färbung annimmt. Diese Farbe ist aber für jede Papiersorte besonders herzustellen und darf nur von Druckereien benutzt werden, die genau damit vertraut sind.

Die Verwendung mehrerer Farben kommt fast nur für Flugblätter und Broschüren in Frage und ist daher in Abschnitt III besprochen.

Hier ist nur noch der BUNTDRUCK von Abbildungen zu erwähnen. Die erste Stufe zum mehrfarbigen Bild sind die Drucke von sogenannten Duplex-Autotypien. Hier werden Teile des Bildes in der Autotypie ausgespart und in einem anderen Tone besonders nachgedruckt, ein Verfahren, das ganz gute Wirkungen ergibt und nicht übermäßig teuer ist. Immerhin kommt es nur für besonders auszuführende Drucke, nicht für gewöhnliche

Kataloge und dergleichen in Frage. In noch höherem Maße gilt dies für die Herstellung von Bildern in beliebigen Farben nach dem als Vierfarbendruck bezeichneten Verfahren. Hierbei werden vier Platten, Schwarz, Rot, Blau und Gelb, übereinander gedruckt. Die Herstellung von vier Autotypien ist entsprechend teuer, auch ist der Druck viermal

Klare Darstellung der Wirkungsweise einer Lagerbauart. (Eisenwerk Wülfel, Wülfel vor Hannover.) (Text auf S. 22.)

auszuführen, und zwar sehr sorgfältig, damit die Farben genau übereinander passen. Farbige Bilder lassen sich auf diese Weise sehr schön wiedergeben; indessen macht die Herstellung farbiger Originalaufnahmen gewöhnlich Schwierigkeiten, und bei nachträglichem Bemalen einer Photographie wird infolge mangelhaften Verständnisses das Bild leicht entstellt. Deshalb wende man, wenn schon der hohe Preis der Druckausführung in Kauf genommen wird, auch das Geld zur Herstellung eines künstlerisch wertvollen Originales durch eine hervorragende Kraft an.

12. ANDERE DRUCKVERFAHREN AUSSER BUCHDRUCK

Neben dem Buchdruck bestehen, vor allem für die Herstellung von Abbildungen, eine ganze Reihe anderer Druckverfahren.

Beim STEINDRUCK entfällt die Anfertigung von Klischees. Die Abbildungen werden unmittelbar auf den Stein gezeichnet, der so weiter behandelt wird, daß die Zeichnung beim Einwalzen die Farbe annimmt, die übrige Fläche aber unberührt bleibt. Man erhält auf diese Weise eine unmittelbare Wiedergabe der Originalzeichnung mit allen ihren Eigenheiten. Für die Drucksachen der Maschinenindustrie spielt, da hier Zeichnungen selten verwendet werden, die Verbilligung in der Herstellung keine besondere Rolle; sie wird überdies durch die geringere Einfachheit des Druckes aufgehoben, da der Text gesondert vom Bilde zu drucken ist. Vorzüglich eignet sich Steindruck jedoch für Plakate und andere farbige Darstellungen. Gerade die flächenhafte Ausführung, die mit Steindruck besonders gut herzustellen ist, ist für Plakatzwecke das Gegebene. Es ist auch möglich, unter Anwendung eines Rasters Mehrfarbendrucke in ähnlicher Weise herzustellen wie beim Vierfarbendruck (vgl. S. 33). Solche Drucke sind härter und erreichen die Vierfarbendrucke, die sich durch eine gewisse Weichheit auszeichnen, nicht an künstlerischer Wirkung, eignen sich aber für die meisten Reklamezwecke, z. B. für die Herstellung farbiger Postkarten, recht gut.

Die photographische Übertragung von Zeichnungen auf den Stein oder auf Zinkplatten ergibt ein verhältnismäßig billiges Druckverfahren für kleinere Auflagen.

Beim TIEFDRUCK werden die tiefgelegten Teile der Druckplatte mit Farbe ausgefüllt, die sich beim Druck vollständig auf das Papier überträgt. Während also beim Hochdruck (Buchdruck) die Farbmenge, die auf die Flächeneinheit wirklicher Druckfläche entfällt, also die Farbdichte überall gleich ist, wird beim Tiefdruck an den verschiedenen Stellen des Bildes die Farbe dichter oder weniger dicht aufgetragen und auf diese Weise eine Abstufung in den Tönen erzielt.

Dieses Verfahren, das ja auch dem Kupferdruck zugrunde liegt, ist erst in neuerer Zeit für die Herstellung von Massenauflagen ausgebildet worden, und zwar zunächst für den Zeitungsdruck mit Rotationsmaschinen. Heute wird es aber auch mit Einrichtungen ähnlich den Buchdruckschnellpressen ausgeführt. Das Verfahren bietet den Vorteil, daß jedes beliebige Papier verwandt werden kann. Selbst auf Zeitungspapier sind mit Tiefdruck gute Wiedergaben photographischer Aufnahmen herzustellen.

Die Ersparnis an Papier fällt allerdings nur bei ganz großen Auflagen, etwa von 50 000 an, ins Gewicht. Darunter ist Buchdruck wohl immer billiger, zumal bei Tiefdruck der Abbildungen der Text durch Buchdruck besonders hinzugefügt werden muß. Infolgedessen kommt das Verfahren für die Reklame der Maschinenindustrie, die selten mit so großen Auflagen zu rechnen hat, nicht aus Billigkeitsrücksichten in Frage, sondern es ist nur dann zu empfehlen, wenn nach sehr schönen Aufnahmen, namentlich solchen mit landschaftlichem Hintergrund, besonders wirkungsvolle Drucke hergestellt werden sollen. Infolge des starken Auftragens von Farbe erhält man tiefere, saftigere Schatten als beim Klischeedruck. Das Bild erhält dadurch eine gewisse Leuchtkraft. Dazu kommt, daß die Zerteilung durch den Raster wegfällt, die immer die Wirkung des Bildes beeinträchtigt, selbst wenn der Raster mit dem bloßen Auge kaum wahrnehmbar ist.

Flaue Originale mit wenig Gegensätzen sind für den Tiefdruck bei seinem heutigen Stande nicht brauchbar, während bei Autotypien im Herstellungsprozeß noch manches nachgeholt werden kann. Wenn es nicht im photographischen Verfahren oder durch die Retusche gelingt, einer an sich flauen Aufnahme Kontraste zu geben, so sehe man von ihrer Verwendung zum Tiefdruck ab; das Ergebnis würde unbefriedigend sein.

LINOLEUMDRUCK ähnelt dem Steindruck, ergibt aber weichere Wirkungen. Er wird häufig für Plakate benutzt.

Darstellung konstruktiver Einzelheiten in der Anzeige. (Text auf S. 22.)

OFFSETDRUCK, der eine größere Rolle zu spielen beginnt, wird als Überdruckverfahren unter Zwischenschaltung eines Gummituches ausgeführt und wirkt sehr zart und künstlerisch.

Von der Erwähnung ANDERER VERFAHREN, die für Reklame überhaupt nicht in Frage kommen, darf ganz abgesehen werden. Manche Firmen geben ihren Drucken besondere Namen, obwohl die Herstellung vielleicht nur auf irgendeiner unerheblichen Zutat, wie dem Unter- oder Überdruck eines Farbtones beruht, den jede Druckerei ausführen kann. Gegenüber neuen Druckarten, die unter einem wohlklingenden Namen empfohlen werden, und deren Vorzüglichkeit durch einzelne gut gelungene Proben belegt werden soll, ist immer Vorsicht am Platze, weil große Erfahrung von seiten der Druckfirma dazu gehört, um unter allen Umständen, nach jeder Vorlage, gute Erfolge zu erzielen. Es ist sehr ärgerlich, wenn ein teurer Katalog, der etwas ganz Besonderes werden sollte, oder ein in sehr großer Auflage hergestelltes Flugblatt den Erwartungen nicht entspricht.

DRITTER ABSCHNITT

DIE MITTEL DER WERBUNG

A. ANZEIGEN

1. GRUNDLEGENDE GESICHTSPUNKTE

Wie für die Werbetätigkeit im allgemeinen, so gilt für das Anzeigenwesen ganz besonders die Regel: WIEDERHOLEN! Eine einmalige Anzeige ist im allgemeinen so

Darstellung der inneren Teile einer maschinellen Einrichtung (Schneider & Helmecke, Magdeburg). (Text auf S. 22.)

gut wie nutzlos; zulässig ist das einmalige Inserieren an einer bestimmten Stelle höchstens da, wo es ein Glied in einer Kette anderer Reklamemaßnahmen bildet, also beispielsweise in einem Ausstellungs-Katalog oder -Führer zum Hinweis auf die Darbietungen auf dem Ausstellungsstand. Die Summen, die für solche Ausstellungsanzeigen gewöhnlich gefordert und bezahlt werden, dürften aber im Verhältnis zur Wirkung zu hoch sein.

Stete Wiederholung ist Vorbedingung dafür, daß die Anzeige ihrem wichtigsten Zweck, dem Einhämmern bestimmter Namen und Begriffe, gerecht wird. Wichtig ist dabei, daß der Name der Firma mit dem Erzeugnis auffällig in solcher Weise zusammengestellt wird, daß die beiden Worte sich gemeinsam dem Gedächtnis einprägen. Nehmen wir an, es handle sich um eine Pumpenfabrik Fritz Raff G. m. b. H., Berlin, so sind vor allen Dingen die Worte

Raff-Pumpen

als Schlagworte in charakteristischer Weise in JEDER Anzeige zu wiederholen, und zwar zweckmäßig überall in gleicher Form, d. h. in derselben Schrift, damit nicht nur der Wortlaut, sondern auch das WORTBILD sich einprägt. Wenn der Raum hinreicht, füge man noch das Wort „Berlin" so hinzu, daß es nicht übersehen werden kann. Bei kleinen Anzeigen empfiehlt es sich, im Interesse der beiden wichtigsten Worte hierauf zu verzichten, indessen sollte in keiner Anzeige die vollständige Anschrift der Firma fehlen, mag sie auch noch so klein gedruckt sein, denn es wird immer Käufer geben, die wohl den Namen kennen, sich aber im Bedarfsfalle nicht entsinnen können, daß die Firma in Berlin oder in dem und dem Vororte von Berlin ihren Sitz hat, und die sich also aus der Anzeige unterrichten müssen. Nicht unterlassen darf man ferner, in kleinem Druck die Vertretungen anzugeben, die für den Bezirk, in dem die Zeitung gelesen wird, in Frage kommen.

Veranschaulichung der Größe eines Maschinenteils.
(Text auf S. 22.)

Wenn eine Firma mehrere Erzeugnisse herstellt, so ist die Frage, welche Worte hervorgehoben werden sollen, schwierig zu entscheiden. Manche Firmen befolgen den Grundsatz, in einer einzelnen Anzeige überhaupt nicht mehrere, sondern jedesmal nur ein einziges ihrer Erzeugnisse anzuführen. Das ist nicht allgemein richtig. Da es sich in solchen Fällen in erster Linie um größere Firmen handelt — die kleinen sind heute fast alle spezialisiert —, so wird die Firma sich meistens hinreichenden Anzeigenraum leisten können, so daß es ohne Beeinträchtigung der Wirkung möglich ist, sämtliche Erzeugnisse aufzuführen, wenn auch nur in kleinem Druck. Abwechselnd können die verschiedenen, für die Leser des betreffenden Blattes wichtigen Erzeugnisse zum Hauptgegenstand der Anzeige gemacht werden.

Bei jeder Anzeige muß — wie beim Plakat — als erster Grundsatz gelten, daß sie geeignet ist, DEN BLICK ANZUZIEHEN — die Eigenschaft wird in der Werbetechnik als „Blickfang“ bezeichnet — und ihn so lange festzuhalten, daß der Beschauer den wichtigsten Inhalt der Anzeige oder doch so viel davon in sich aufnimmt, daß er zur Vertiefung in den Inhalt veranlaßt wird.

Erreichen läßt sich auffällige Wirkung durch

eigenartige bildliche Darstellungen,
eigenartige Schrift,
richtige Gesamtanordnung der Anzeige, also richtige Stellung von Bild und Text im Raum, insbesondere auch durch Verwendung freien Raumes.

Man suche stets nach Ungewöhnlichem, ohne in alberne Übertreibungen zu verfallen.

Den Blick festzuhalten vermag die Anzeige durch interessanten Inhalt und durch ästhetisch vollendete Durchführung, mag diese auch dem Beschauer nicht zum Bewußtsein kommen.

Bei Untersuchung der Anforderungen, die im einzelnen an eine Anzeige zu stellen sind, empfiehlt es sich, zu unterscheiden zwischen

Schlagwort-Anzeigen,
Text-Anzeigen,
Bild-Anzeigen.

Allerdings gehen diese drei Formen ineinander über, aber es kann doch den Entwurf und die Beurteilung einer Anzeige, insbesondere auch die Auffindung des Grundes für ungenügende Wirkung sehr erleichtern, wenn man die Anzeige in eine dieser drei Arten einzureihen versucht. Der Versuch, mit zwei Mitteln — z. B. Bild und Text — gleichmäßig zu wirken, kann, wie beim Bild das doppelte Motiv, leicht die Wirkung zerstören. Man suche also eines dem andern unterzuordnen, ohne dabei etwa pedantisch vorzugehen, denn die Psychologie der Anzeigenwirkung ist ein Problem, das sich schwer in knappe Formeln pressen läßt.

Die Grundsätze für die Ausbildung auffälliger Anzeigen seien zunächst allgemein an einigen Beispielen erläutert.

Ungewöhnlich und daher das Auge anziehend wirkt jede Begrenzung des Anzeigenraumes, die sich von dem rechteckigen Zeitschriftenformat unterscheidet, wie der Kreis. Diese Form wendet z. B. die Firma Orenstein & Koppel bei ihren Anzeigen durchweg an, indem sie um die bildliche Darstellung herum den Namen der Firma und die Bezeichnung des Gegenstandes der Anzeige in einem Kreise anordnet (S. 51). Die stete Wiederholung der gleichen eigenartigen Form wirkt außerordentlich auffallend. In anderer Weise macht von demselben Mittel die ästhetisch ausgezeichnet durchgebildete Anzeige S. 53 Gebrauch, bei der die Zeichnung kreisförmig begrenzt ist. Übrigens ist diese Anzeige ein beachtenswertes Beispiel dafür, wie unter Umständen Bild und Text ungefähr gleiches Gewicht haben können, ohne daß die Wirkung zerstört wird. Das dürfte sich daraus erklären, daß das auffallende Schlagwort „Schwere Schnitte“ den Mittelpunkt der Anzeige, das eigentliche Motiv bildet und die etwas flächenhaft durchgeführte Zeichnung, sowie auch der in einem geschlossenen Block zusammengefaßte Text nur dazu dienen, auf dieses Schlagwort hinzulenken, so daß wir eigentlich gar nicht eine Text- oder Bildanzeige, sondern eine Schlagwortanzeige vor uns haben. Die Wirkung des freien Raumes kommt in vortrefflicher Weise zur Geltung bei der kleinen, im Original in die Mitte einer ganzen Seite gesetzten Anzeige S. 55. Noch mehr Erfolg allerdings wäre von dieser Anzeige zu erwarten, wenn

Kräftig wirkendes Einzelmotiv aus dem Eisenbau. (Kell & Löser, Leipzig.)
(Text auf S. 22.)

die Schrift weniger schwer lesbar wäre. Der Graphiker ist hier mit dem Werbetechniker durchgegangen. In Abb. S. 57 ist in künstlerisch vollendeter Weise eine Zeichnung von auffallenden Umrissen in ein freies Feld hineingesetzt und die Schrift dazu passend so angeordnet, daß das Ganze zu einer das Auge anziehenden und voll befriedigenden Wirkung kommt. Die drei kräftigen Anfangsbuchstaben des Firmennamens, die sich in allen Anzeigen wiederholen, wirken als gewichtige Bekrönung und tragen, indem sie ein Gegengewicht für die schwere Zeichnung des unteren Teiles bilden, wesentlich dazu bei, die Wirkung der geschlossenen Darstellung zu erzielen, ein Zerflattern der einzelnen Teile der Anzeige zu verhüten. So wird auf ungleich bessere Weise das erreicht, was sonst durch Verwendung einer schweren schwarzen Randlinie angestrebt zu werden pflegt.

Wenn es gelingt, ohne jede Randlinie einen fest zusammengehaltenen Entwurf herzustellen, so wird die Wirkung dadurch verstärkt, daß der freie Raum des Randes der Anzeigenseite unmittelbar mit zur Hervorhebung der Anzeige benutzt wird (Abb. S. 58 und 59).

Beide Anzeigen sind vortrefflich durchgebildet. Abb. S. 58 wirkt noch besonders durch die unsymmetrische Anordnung — rechts schwer, links offen — entsprechend der Form des Kranauslegers; das gibt dem Bilde Bewegung. Ähnliche Wirkung haben in Abb. S. 59 die Schrägstriche der beiden A. Wie außerordentlich diese für die Belebung des Bildes sorgen und den Blickfang unterstützen, zeigt sich am besten, wenn man die Striche einmal zudeckt und so das Bild betrachtet.

2. SCHLAGWORT-ANZEIGEN

Reine Schlagwort-Anzeigen können schon bei geringem Umfang wirksam sein, wenn sie recht charakteristisch und mit einiger Rücksicht auf die umgebenden Anzeigen ausgeführt sind, so daß sie sich von diesen abheben. Die Aufgabe ist aber fast noch schwieriger als bei größeren Anzeigen mit Text und Bild, und man kann daher die Ausführung nicht der Druckerei der betreffenden Zeitschrift überlassen, sondern muß die Anzeige durch eine mit Reklamedruck vertraute Druckerei setzen und stereotypieren oder eine besondere Zeichnung anfertigen lassen, die dann klischiert wird. Je kleiner die Anzeige, um so schwieriger ist es, mit Satz, ohne Anfertigung einer Zeichnung, auszukommen, weil mit den vorhandenen Typen gerechnet werden muß. Da Schlagwort-Anzeigen längere Zeit ohne Änderung bestehen zu bleiben pflegen und in gleicher Form, vielleicht nur mit geringen Änderungen in der Größe, für eine Reihe von Zeitschriften benutzt werden können, so lohnt es sich unter allen Umständen, einen künstlerisch hervorragenden Schriftzeichner für den Entwurf heranzuziehen oder vielleicht ein Preisausschreiben zu veranstalten. Allererste Bedingung gerade für eine Schlagwort-Anzeige ist aber LESBARKEIT, weshalb man Buchkünstlern, die mit fremdartigen Schriftzeichen etwas Besonderes zu erreichen versuchen, unter keinen Umständen nachgeben darf. Es muß hier nochmals betont werden: Was für Bibliophilen-Zeitschriften vortrefflich sein kann, eignet sich nicht im geringsten für das Publikum, das technische Zeitschriften liest.

Volle Wirkung können reine Schlagwort-Anzeigen nur dann haben, wenn das betreffende Erzeugnis oder die Firma bereits eingeführt ist, so daß es genügt, den Namen immer wieder ins Gedächtnis zu rufen, oder wenn gleichzeitig mit der Schlagwort-Reklame eine erläuternde Reklame in anderer Form, z. B. durch Rundschreiben, Druckschriften, Vorträge u. dgl. betrieben wird. Ist dies nicht der Fall, sondern sollen die Anzeigen für sich allein wirken, so sind einige kurze erklärende und empfehlende Zusätze zweckmäßig. Man hüte sich aber vor allgemeinen Redensarten wie: „Raff-Pumpen sind die besten.“ Für den Maschinenbau passen solche Sachen nicht. Sind die Pumpen wirklich anerkanntermaßen allen anderen Erzeugnissen überlegen, so ist es nicht mehr notwendig, es zu sagen, ja es erweckt sogar Mißtrauen, wenn die Firma es für notwendig hält, auf eine allgemein bekannte Tatsache immer wieder hinzuweisen. Ist die Behauptung aber nicht wahr, so schadet die Firma damit ihrem Ansehen. Man hebe deshalb lieber irgendeinen bestimmten nachweisbaren Vorzug heraus, z. B.: „Raff-Pumpen haben infolge der durch D. R. P. 819 000 geschützten Ventilbauart den höchsten bisher praktisch erreichten Wirkungsgrad“, oder: „arbeiten nach einem neuen, durch D. R. P. 819 000 geschützten Verfahren“. Solche sachlichen Mitteilungen sind viel besser geeignet, das Publikum neugierig zu machen und Anfragen heranzuziehen, vorausgesetzt, daß die Anzeige oft genug eingerückt wird. Denn ein so kurzer Satz verschafft sich erst dann die rechte Geltung, wenn er häufiger gelesen ist.

Groß ist die Versuchung — gerade bei Schlagwort-Anzeigen —, den zur Verfügung stehenden Raum voll zu bedecken und daher Schriftgrößen zu wählen, die auf eine Entfernung von 1 bis 2 m eindrucksvoll wirken, für den Abstand zwischen Auge und Papier dagegen, mit dem beim Durchblättern einer Zeitschrift gerechnet werden muß, zu groß sind, so daß das Auge das Wort oder die zusammengehörigen Worte nicht mehr mit einem Blick erfaßt. In der Regel ist eine im Raum schwimmende kleinere Anzeige, die dem Auge auf den ersten Blick ein GESAMTBILD liefert, wirksamer; hier findet also tatsächlich eine bessere Raumausnutzung statt, vorausgesetzt, daß der Inhalt der Anzeige der gleiche ist.

Bei der Anzeige nach Abb. S. 61 ist in dieser Hinsicht die Grenze des Zulässigen erreicht. Nur dank ihrer großen Einfachheit ist diese Anzeige schnell lesbar und recht wirksam. Die A. E. G. und ihre Zweiggeschäfte sind so bekannt und leicht auffindbar, daß sich in diesem Ausnahmefalle die Angabe der Adresse erübrigt.

In Abb. S. 63 oben ist die Schrift schon nicht mehr gut auf einen Blick zu erfassen, weil sie zu groß ist. Die unten wiedergegebene Anordnung wirkt besser.

Vortrefflich ist die Wirkung der oberen und der unteren Anzeige auf S. 65. Die obere Anordnung ist wohl noch vorzuziehen, weil sie das Erzeugnis mit der Firma in

Darstellung einer großen Anzahl nach einer Stelle gelieferter gleichartiger Maschinen auf einem Bilde. (Hamburger Hafen; Krane von Demag, Duisburg.) (Text auf S. 24.)

engen Zusammenhang bringt, so daß das Auge beides gleichzeitig erfaßt. Bei der unteren Form, die der Originalanzeige entspricht, wird es leicht eintreten, daß beim flüchtigen Durchblättern nur das Erzeugnis oder nur die Firma gelesen, nicht aber beides gleichzeitig vom Auge aufgenommen wird. Der mittlere Entwurf, auch auffällig in seiner Art und gut gezeichnet, leidet unter weniger guter Lesbarkeit. Im Seitenbild würde diese Anzeige aber eine wichtige Aufgabe erfüllen. Die licht gehaltenen Anzeigen oben und unten würden überhaupt nicht zur Geltung kommen, wenn nicht eine schwere Anzeige zwischen ihnen stände. Abb. S. 67 zeigt, wie wenig die beiden lichten Anzeigen wirken, wenn man sie unmittelbar untereinander setzt. Daraus ergibt sich die wichtige Lehre, daß Schlagwortanzeigen mit wenig Text in großem, freiem Raum, um wirksam zu sein, des Gegensatzes zu schweren Anzeigen notwendig bedürfen. Bei den heute üblichen Anzeigenformen ist allerdings die Gefahr, daß eine solche licht gehaltene Anzeige in verkehrte Nachbarschaft gerät, nicht übermäßig groß. Die meisten Anzeigen sind so mit Text oder mit schweren bildlichen Darstellungen angefüllt, daß eine luftig wirkende Anordnung sich fast immer herausheben wird.

Häufig wird bei Schlagwort-Anzeigen ein Bild herangezogen, um durch eigenartige Anordnung den Blick noch besser festzuhalten. Das Bild ordnet sich aber bei diesem Anzeigentyp der Schrift unter. Ein Musterbeispiel ist Abb. S. 69, in der die einfache Zeichnung infolge der ungewöhnlichen Form in hervorragendem Maße als Blickfang dient und gleichzeitig noch den Zweck erfüllt, auf die Massenfabrikation der Apparate hinzudeuten. Die unsymmetrischen Zusätze rechts und links — Fabrikzeichen und Firma — tragen wesentlich dazu bei, das Gesamtbild lebhaft zu gestalten.

3. TEXT-ANZEIGEN

Ausführlichere Textangaben in der Anzeige können sich vorzugsweise beziehen auf die Eigenschaften des Erzeugnisses, seine Anwendbarkeit und die in der Praxis erzielten Erfolge, oder auf die Fabrik, indem deren Leistungsfähigkeit, ihre besonderen, vorzügliche Herstellung gewährleistenden Arbeitsverfahren, die Erfahrungen ihrer Ingenieure und dergleichen hervorgehoben werden. Bei Angaben über die Fabrik hüte man sich ganz besonders vor Unsachlichkeit, denn Eigenlob fällt immer unangenehm auf. Man bedenke, daß es darauf ankommt, eine Atmosphäre wohlwollender Stimmung zugunsten der Firma zu erzeugen, und alles, was dem Eintrag tut, sollte daher vermieden werden. Häufige Wiederholung der Worte „wir" und „unsere" verstärkt den Eindruck des Selbstlobes. Der Eindruck der Objektivität und damit eine ÜBERZEUGENDE Wirkung auf den Leser ist nur zu erreichen, wenn nicht allgemeine Wendungen gebraucht werden, sondern bei jeder Angabe, die, wenn möglich, mit nachprüfbaren Zahlenangaben belegt werden sollte, in leicht verständlicher Weise der Einfluß auf die Güte des Fabrikates nachgewiesen wird. Es kann z. B. für den Leser von großem Interesse sein, daß von einem bestimmten Gegenstand jährlich 50 000 Stück hergestellt werden, und daß die Firma infolgedessen gewisse Arbeitsverfahren zur Massenherstellung hat einführen können, die eine sehr präzise Ausführung und längere Lebensdauer der Maschine verbürgen. Hinweise auf das lange Bestehen und die Größe der Fabrik pflegen, auch wenn nicht begründet wird, inwiefern die Güte des Fabrikates damit zusammenhängt, auf das Publikum einen gewissen Einfluß auszuüben, und zwar in einem nicht immer berechtigten Maße. Denn eine Fabrik, die nur deshalb groß ist, weil sie vielerlei macht, ist nichts als eine entsprechend schwerfällige Vereinigung kleiner Fabriken, und der Umfang eines Werkes ist also nur insofern empfehlend, als er sich auf den Umfang der Herstellung einer bestimmten Ware oder gleichartiger Waren bezieht. Die beste Leistung ist immer von der Firma zu erwarten, die ein bestimmtes Erzeugnis in den größten Mengen herstellt. Allenfalls kann bei umfangreichen Aufträgen noch in Frage kommen, daß die Kapitalkraft der großen Firma gegebenenfalls einen besseren Rückhalt für die Erzwingung der vereinbarten Leistung gibt. Daß eine Firma die Maschinen, die sie verkauft, selbst ausführt und nicht von anderen Firmen bezieht, wird im allgemeinen mit Recht als empfehlend angesehen, weil die Firma infolgedessen ihre Lieferzeiten sicherer einhalten und die Herstellung besser überwachen, auch etwaige Mängel bei der Lieferung nachträglich leichter abstellen kann.

Die wichtigsten Grundsätze, nach denen bei der Erläuterung der Eigenschaften des Erzeugnisses verfahren werden sollte, sind oben bereits angeführt worden (vgl. S. 3). STRENGE SACHLICHKEIT kann, besonders für den Maschinenbau, nur immer und immer wieder empfohlen werden. Was die Angaben über die Anwendbarkeit anlangt, so ist die Gefahr der Unsachlichkeit nicht so groß, weil es für den Fabrikanten wenig Zweck hat, eine Maschine für Arbeiten zu empfehlen, die sie nicht leisten kann. Ein beachtenswertes Beispiel für die Mitteilung praktischer Ergebnisse bietet Abb. S. 71, bei der übrigens die

Darstellung einer großen Fabrikanlage in den Umrissen unter Verzicht auf Einzelheiten. Wirkt geschlossener und eindrucksvoller als die den gleichen Gegenstand darstellende untere Abbildung. (Zeichnungen von Franz A. Peffer.) (Text auf S. 24.)

Gegenbeispiel zu der oberen Abbildung. Bildwirkung leidet unter der Darstellung vieler Einzelheiten. (Text auf S. 24.)

Bildwirkung mit zu Hilfe genommen ist. Die kurzen Angaben sind so gefaßt und dargestellt, daß niemand ihre Richtigkeit bezweifeln wird, und sie bilden die beste Empfehlung für die Maschine. Auch die gesamte Anordnung der Anzeige ist gut. Die bereits allgemein bekannte abkürzende Firmenbezeichnung ist in passender Weise an den Kopf gestellt, unter Hinzufügung des vollständigen Firmennamens. In dem für den Text bestimmten Raum zieht das Diagramm in seiner eigentümlichen, einfachen Form das Auge auf sich und zwingt fast dazu, den erläuternden Text zu lesen, der allerdings im Original infolge Wahl einer zu kleinen und nicht besonders geeigneten Schrift im Druck schlecht herausgekommen und zum Teil nicht gut lesbar ist.

Die Anzeige nimmt nur den mittleren Teil einer großen Seite ein. Sie wirkt infolge des umgebenden großen freien Raumes sehr auffällig, doch ist, wie erwähnt, infolge dieser Anordnung die Schrift schon reichlich klein geworden. Ob es entsprechend den Erörterungen auf S. 37 richtig gewesen wäre, durch Vergrößerung der Anzeige für eine Aufzählung

Kugelmühlenbau bei Fried. Krupp A.-G. Grusonwerk, Magdeburg. Wirksame Aufnahme einer Fabrikhalle. (Text auf S. 25.)

der übrigen Fabrikationszweige des Werkes Raum zu schaffen, darf unerörtert bleiben, da dies nur auf Grund genauer Kenntnis des ganzen Reklameplanes beurteilt werden kann.

Natürlich können der Öffentlichkeit durch die Anzeige neben Mitteilungen über den Gegenstand selbst auch irgendwelche anderen, allgemein interessierenden Nachrichten vermittelt werden, so z. B. bezüglich des Erscheinens neuer Drucksachen. Ein Beispiel gibt der Entwurf S. 73. Durch die Inhaltsangabe wird die neue Drucksache dem Gedankenkreis des Lesers nähergebracht und seine Neugier angeregt.

In englischen und amerikanischen Zeitschriften sind reine Text-Anzeigen häufiger als in deutschen. Das ist zum Teil daraus zu erklären, daß die englische Sprache für kurze, packende, auch etwas derbe Ausdrucksweise besser geeignet ist. Nicht selten folgen in den Zeitschriften zusammenhängende Anzeigenreihen mit aneinanderschließenden Texten aufeinander. So brachte eine Firma unter der Überschrift „Transmission Tales" — im Deutschen nur sehr schlecht mit „Transmissions-Geschichten" wiederzugeben — eine Reihe kurzer Mitteilungen aus der Praxis, z. B. „Ketten und die Kohlenrechnung", „Wahre Schauer von Zähnen". Wie die Beispiele beweisen, wirken schon diese Übersetzungsversuche im Deutschen nicht.

Die Geschichte eines 400 Jahre alten Nagels, der am 15. Dezember 1918 von Mr. Estep in dem Geburtshause des Reformators Calvin in Noyon gefunden wurde und der, da er noch gut erhalten ist und fast die gleiche Zusammensetzung aufweist wie das Eisen der anzeigenden Firma, ein Beweis für dessen Güte ist, oder die humoristische Erzählung von den Erlebnissen des Reisenden, der einige Stunden im Vorzimmer die Daumen umeinander dreht, um dann durch eine glänzende Anerkennung der gelieferten Maschinen seitens des Betriebchefs belohnt zu werden, gehören auch in diese Kategorie. Ernster zu nehmen ist die Reklame eines Schleifmittelwerkes, in der erzählt wird, wie einer der Ingenieure der Firma in einer Werkstatt einen Mann antrifft, der nur 25 Bolzen stündlich fertigschleift und unglücklich ist, weil er dabei nicht genug verdient, der dann von dem Ingenieur unterwiesen wird und ihm am Nachmittag freudestrahlend berichtet, daß er es jetzt auf 40 Bolzen gebracht hat. Solche Erzählungen können, wenn technische Einzelheiten im Plauderton vorgebracht werden, auf Beachtung und nachhaltige Wirkung rechnen, wie jede Reklame, die an den Menschen in seiner täglichen Umgangssprache herantritt.

Abgeschmackt wirkt es, wenn der Versuch gemacht wird, die in englischen Anzeigen immer wieder vorkommende unmittelbare Anrede — „Do you know . . ." u. dgl. — in Form von Sätzen mit „Sie" oder „Ihr" ins Deutsche zu übertragen. Alles das trägt den Stempel der „amerikanischen Reklame" an der Stirn und zerstört die Illusion der sachlichen Darstellung.

Eine sehr bemerkenswerte Lösung, eine Text-Anzeige unter Zuhilfenahme der Bildwirkung, ist auf S. 75 wiedergegeben. Obwohl das Bild gegenüber dem Text ziemlich viel Raum einnimmt, tritt doch der letztere ausgesprochen in den Vordergrund, und die Einheitlichkeit des Motivs ist nicht gestört. Das Bild wirkt infolge seiner geschlossenen, ziemlich flächenhaften Ausführung mehr als eine Unterstreichung der oberen Textlinien, als für sich selbst, und wird der Aufgabe, auf den Text hinzulenken, in vorteilhafter Weise gerecht. Fabrikat und Firma sind gut hervorgehoben. Die Überschrift wirkt verblüffend und reizt zum Lesen des weiteren Inhalts. Der Text ist streng objektiv, enthält allerdings keine Angaben über die besonderen Eigenschaften des Gegenstandes und ist daher eigentlich nicht geeignet, auf den Inhalt des am Schluß erwähnten Katalogs neugierig zu machen. Die Absicht, die Wanderer-Werke als Hersteller moderner Fräsmaschinen bekanntzumachen oder in Erinnerung zu bringen, ist aber durchaus erreicht.

Recht lehrreich ist ein Vergleich mit Abb. S. 51, die als Blickfang noch wesentlich besser wirkt, aber auf den ausführlichen Text verzichtet.

Eine gute und sachliche Darlegung der Eigenschaften des Fabrikates gibt eine Anzeige der Leipziger Werkzeugmaschinenfabrik vorm. W. v. Pittler, A. G., Wahren-Leipzig, die im Original in bezug auf die Gesamtanordnung allerdings mißlungen ist, so daß es genügt, auf S. 77 den Text anzuführen.

Die klaren, knappen Sätze, die sich von jeder Ruhmredigkeit fernhalten, erwecken sogar bei dem, der von Werkzeugmaschinen wenig versteht, das Gefühl, daß das Fabrikat auf Grund eines reiflichen Studiums der Anforderungen entstanden ist, die an eine Maschine dieser Art gestellt werden müssen. Der Text ist offenbar aus der Feder des Konstrukteurs der Maschine hervorgegangen.

Daß auch eine Seite mit einfachem, glattem Text so durchgebildet werden kann, daß sie im Anzeigenteil kräftig zur Wirkung kommt, beweist Abb. S. 79. Der Text selbst hätte interessanter gestaltet werden können; er setzt beim Leser zu wenig voraus.

Eine Textanzeige von ungewöhnlicher Wirkung, obwohl mit geringsten Mitteln hergestellt, gibt S. 81. Der Entwurf vereinigt die Vorzüge der Schlagwortanzeige — da der geschlossene Textblock beim flüchtigen Hinschauen nur als große Fläche wirkt — mit denen der Textanzeige, insofern als der interessierte Leser eine ganze Reihe sachlicher

TIEMANN	BERNHARD	BRAVOUR
Zarte Schrift, besonders geeignet für rauhes Papier, für glänzendes Papier zu dünn.	Kräftige Schrift, für Werbedrucksachen im allgemeinen gut geeignet, auch für glänzendes Papier.	Kräftig in den großen, zart in den kleinen Graden. Für Anzeigensatz besonders geeignet.

Schriftproben. (Text auf S. 26.)

Angaben findet. Das Abweichen von der Symmetrie durch die auf den Patentschutz hinweisenden Worte und durch die Stellung des Wortes „Laufgewichten" sind für die Belebung der Fläche und damit für die Gesamtwirkung nicht unwesentlich. Zu kritisieren ist nur, daß der Name „Steinmüller" nicht in engere Verbindung mit dem Sachinhalt der Anzeige gebracht ist und nicht gleichzeitig mit dem Wort „Feuerbrücke" vom Auge erfaßt werden kann.

4. BILD-ANZEIGEN

Während bei der Textanzeige Zeichnungen verwandt werden können, um den Text zu erläutern, jedoch mit der Maßgabe, daß sie sich dem Text unterordnen müssen, soll bei der eigentlichen Bildanzeige das Bild die Hauptsache sein. Dann muß es aber auch voll und ganz in den Vordergrund treten, und es ist kaum möglich, mehr erläuternden Text hinzuzufügen, als etwa bei Schlagwort-Anzeigen geschehen kann. Ein pedantisches Trennen der Begriffe: Textanzeige und Bildanzeige soll damit, wie schon ausgeführt, nicht empfohlen werden, aber die praktische Erfahrung lehrt, daß es selten möglich ist, ein Zwischending zu schaffen, wenn man eine volle Wirkung erzielen will.

Für die Abbildungen kommen hauptsächlich Photographien und Schwarz-Weiß-Zeichnungen in Frage. Die Gründe für und wider jede dieser beiden Arten von Darstellungen wurden schon auf S. 16 erörtert, und es mag deshalb an dieser Stelle genügen, noch einmal vor ungenügend vorbereiteten und unrichtig ausgeführten Autotypien zu warnen. Ausgezeichnet zusammengestellte und in der Gesamtwirkung vortreffliche Anzeigen werden immer und immer wieder dadurch verdorben, daß eine Autotypie hineingesetzt wird, die auf dem minderwertigen Papier schmutzig druckt und auf der vielleicht nur bei genauem Studium die Umrisse eines Kranes oder einer Dampfmaschine zu erkennen sind. Man braucht nur irgendeine beliebige Zeitschrift aufzuschlagen, die überhaupt Autotypien für den Anzeigenteil annimmt, um Belege hierfür zu finden.

Um Photographien, namentlich solchen mit hellen Tönen am Rande, einen festen Abschluß und Halt zu geben, kann man sie, wie in Abb. S. 83, in einen einfachen schwarz-weiß gezeichneten Rahmen eng einfügen. Damit die Klischees sich auswechseln lassen, ist dann ein einheitliches Format notwendig. Die Autotypie kann auch in der Weise ver-

Prüfung einer schweren Walze durch die Kugeldruckprobe in der Kruppschen Gußstahlfabrik, Essen. Werkstättenbild, kennzeichnend für Sorgfalt der Herstellung. (Text auf S. 26.)

wendet werden, daß der Text — wie in Abb. S. 83 mit dem Worte „Brücken" geschehen — auf das Bild selbst geschrieben und mit klischiert wird und das Bild dann den ganzen Inseratenraum ausfüllt, ein bei beschränktem Raum empfehlenswertes Verfahren. Bei der Wiedergabe von Zeichnungen durch Autotypie ist dasselbe Verfahren anzuwenden (Abb. S. 84).

Zeichnungen verfolgen in der Mehrzahl der Fälle nicht den Zweck, Aufschlüsse über die angebotene Ware zu geben, sondern dienen wesentlich dazu, infolge geschickter Ausführung das Auge anzuziehen. Die Anzeige wirkt dann in gleicher Weise wie ein Plakat. Sie sollen außerdem, was bei Photographien selbstverständlich ist, die angebotene Maschine in solcher Weise darstellen, daß der Käufer sich von dem Aussehen und von der Arbeitsweise der Maschine ein Bild machen kann. Text kann dann noch schlagwortartig hinzugefügt werden, um über die besonderen Eigenschaften der Maschine oder die Leistungen der Firma Aufschluß zu geben, oder auch, um weitere Erzeugnisse der gleichen Firma aufzuführen. Der Text muß sich aber, wie gesagt, der Zeichnung unterordnen. Schwierigkeiten macht es oft, ohne Beeinträchtigung der Zeichnung die Firma so anzubringen, daß sie gleichzeitig mit der Zeichnung ins Auge fällt, und doch ist dies eine Forderung, die um der Wirksamkeit der Anzeige willen auf keinen Fall unterdrückt werden darf.

Mit gröbsten Mitteln, unter wirkungsvoller Heraushebung dessen, worauf es ankommt, arbeitet die Treibriemenanzeige S. 85. Demgegenüber wirkt Abb. S. 88 durch die Ausgeglichenheit der Darstellung, die allen Ansprüchen an künstlerisch-ästhetische Durchbildung genügt. Abb. S. 89 fällt durch das Ungewöhnliche des Gegenstandes der Darstellung — des anschaulich wiedergegebenen Augenblickes der Greiferentleerung — auf. Die schwarze Umrahmung stört etwas, namentlich die unterste Linie, die den Eindruck des freien Falles abschwächt.

Eine hervorragende werbetechnische Leistung ist das Jaegerstahl-Bild, S. 87, wenn auch das Abheben des Spanes technisch nicht richtig wiedergegeben ist. Man darf dieser Zeichnung nicht den Rang eines besonders gelungenen, aber vereinzelt dastehenden Einfalles beimessen, sondern sie kennzeichnet eine recht weit vorgeschrittene Entwicklungsstufe in dem nicht nur die Werbetechnik, sondern auch die übrigen darstellenden Künste durchziehenden Bestreben, die körperliche Darstellung zu verlassen und durch Vereinfachung bis zur weitest getriebenen Schematisierung oder Stilisierung den Gedankeninhalt allein in ausdrucksvoller und packender Weise wiederzugeben. Es ist der Weg zum Expressionismus, der, wie schon erwähnt, an dieser Stelle vielleicht einmal eine dankbare Aufgabe finden wird. In ausgezeichneter Weise ist übrigens derselbe Grundsatz in dem bekannten Bernhardschen Heimlicht-Plakat durchgeführt worden. In Zeitschriften wird Abb. S. 87 leider mit kunstlos dazu gesetztem Text verwertet, was die Wirkung abschwächt.

Die Abbildung wird auch als farbiges Plakat verwandt; überhaupt besteht zwischen Bildanzeige und Plakat enge Verwandtschaft.

Abb. S. 91 ist wieder eine in glücklicher Weise schematisierte Darstellung, im Original leider durch unbefriedigende Schriftausführung etwas um die Wirkung gebracht und daher hier in dieser Richtung verbessert. Noch eigenartiger und durch die Unsymmetrie der Gesamtanordnung bei kleinem Raum außerordentlich wirksam ist die Systemzeichnung des Oschatz-Kessels, Abb. S. 96. Die seltsame Darstellung wirkt außerordentlich überraschend und den Blick fesselnd, ist dabei aber jedem Ingenieur sofort verständlich.

Abb. S. 92 ist ebenfalls ein Beispiel dafür, wie man durch geschickte schematische Darstellung ohne irgendwelche besonderen künstlerischen Hilfsmittel rasch und wirksam sagen kann, was man anzubieten hat.

Mit Mitteln ganz besonderer Art wirkt Abb. S. 93. Die große Ruhe und Klarheit des Bildes, eine Folge der völlig symmetrischen Anordnung und der runden, einfachen Linien der stilisierten Brunnendarstellung, hält das Auge länger fest, als eine stark bewegte Zeichnung es vermag. Die Zeichnung wirkt gewissermaßen wie ein tiefer Ton in dem Gewirr der einander überschreienden hohen Stimmen. Die schwarzen Flächen mit der leuchtend hervortretenden einfachen Zeichnung ziehen den Blick stark an. Man muß übrigens mit der Verwendung größerer schwarzer Flächen etwas vorsichtig sein, weil sie bei schlechtem Druck unrein herauskommen und dann schmutzig wirken.

Bei der sonst ausgezeichneten plakatmäßigen Zeichnung, Abb. S. 95, ist die Schrift zu beanstanden. Wenn sie auch künstlerisch einwandfrei durchgeführt ist, so wird sie doch nicht rasch genug vom Auge erfaßt und mit dem Gegenstand der Darstellung in Verbindung gebracht.

In Abb. S. 95 bildete bereits die sehr gut gelungene Schutzmarke — HWM = Hommel-Werke, Mannheim — einen wesentlichen Bestandteil der Zeichnung. In noch viel stärkerem Maße tritt die Schutzmarke in den Vordergrund bei Abb. S. 99 und 101. In Abb. S. 99 ist der sehr hübsche und witzige Einfall verwendet worden, aus einer Reihe von Meßwerkzeugen — die Hellebarde wird in einer Schublehre verkörpert — die Figur des Wächters zusammenzusetzen.

Als Fabrikmarke wirkt auch das Kettenglied einer geräuschlosen Antriebskette in Abb. S. 97. In den beiden Bolzenlöchern sind im Original kleine Abbildungen von Ma-

Auffallende, aber nicht gut lesbare Anzeige. (Text auf S. 26.)

schinen untergebracht, die mit der Kette angetrieben werden, ein Zuviel, das störend wirkt und bei der Kleinheit der Darstellung keinen Nutzen bringt.

Dem Diagramm in Abb. S. 100 ist die ganze Aufmachung der Anzeige angepaßt. Die leichte, luftige Schrift steht im richtigen Verhältnis zu dem leichten Linienzug. So wirkt die Darstellung einheitlich und zieht in einer Umgebung von schwereren Anzeigen den Blick auf sich.

Daß in wirkungsvoller Weise sachlich bedeutsame Angaben über Betriebsergebnisse durch Bild-Anzeigen mit Diagrammen vermittelt werden können, beweist Abb. S. 103. Obwohl die Darstellung zeichnerisch keineswegs befriedigend durchgeführt ist, wird die

Anzeige doch nicht leicht übersehen werden und in hohem Maße das Interesse der Fachleute erwecken.

Was bei der dekorativ-buchkünstlerischen Ausbildung von Anzeigen herauskommen kann, zeigt in einer immerhin noch milden Form Abb. S. 105. Die Darstellung der Kokillen ist nicht wirkungsvoll und bringt nichts Neues, der Text läßt sich schlecht entziffern und sagt sehr wenig, der Kranz um die Zeichnung herum ist ein Verlegenheitserzeugnis. Die als Gegenbeispiel gezeichnete kräftige Anzeige Abb. S. 107 hat ungleich bessere Wirkung.

Mit dem Kranz in Abb. S. 105 kommen wir auf das Gebiet des zwecklosen Beiwerkes, das, wie schon bemerkt, nur ein Verlegenheitsbehelf ist. Künstlerische Randlinien und dergleichen mögen so lange noch gelten, als sie nur ein Mittel bilden, um einen leichten, gefälligen Abschluß herzustellen, nicht aber, wenn sie selbst als Blickfang wirken, d. h. durch ihre Auffälligkeit das Auge auf sich ziehen sollen. Leider begegnet man vielen Anzeigen, die als „Kitsch“ in Reinkultur anzusprechen sind. Als Anziehungsmittel werden mit Vorliebe Mädchenköpfe oder aufgehende Sonnen benutzt, auch wohl Engel, die, von einem gestirnten Himmel herabschwebend, Füllhörner mit zahllosen weiteren Sternen auf einen Doppelautomaten mit bisher unerreichter Leistung ausschütten, und dergleichen mehr. Auch allerlei Mätzchen, wie sie aus den Tageszeitungen bekannt sind, finden sich zuweilen in den Anzeigen der mechanischen Industrie. Nach dem Vorangegangenen bedarf es wohl keiner weiteren Ausführungen und auch keiner besonderen Beispiele, um diese Art Anzeigen richtig zu würdigen.

Verfehlt ist es, mehrere Anzeigen nebeneinander zu setzen, statt den Raum einheitlich auszunutzen — vorausgesetzt, daß nicht etwa durch die mehrfache Wiederholung eine starke einheitliche Wirkung des Ganzen erzielt wird —, oder auch innerhalb einer Anzeige den Raum so zu verwenden, daß die Fläche für das Auge in mehrere Teile zerfällt. Der Vorteil der großen Fläche ist dann überhaupt nicht ausgenutzt. Die Versuchung, das Inserat in dieser Weise zu zerstören, entsteht u. a. durch den an sich berechtigten Wunsch, außer auf das Erzeugnis auch auf das große eigene Werk hinweisen zu wollen. Versuche, zwei noch dazu ganz ungleichwertige Bilder in dieser Weise zu vereinigen, sind meines Wissens bisher nicht geglückt. Etwas anderes ist es, wenn einer Textanzeige zu dem Zwecke, den Mitteilungen über die Fabrik mehr Nachdruck zu geben, eine Zeichnung des Werkes beigefügt wird, die so geschickt ausgeführt ist, daß sie den Text unterstreicht, ohne selbst in den Vordergrund zu treten.

Daß es ausnahmsweise auch gelingen kann, eine ganze Reihe kleiner bildlicher Darstellungen in einer Anzeige zu vereinigen, zeigt Abb. S. 111. Infolge der Einheitlichkeit der Darstellung wird die Geschlossenheit der Anzeige nicht gestört, im Gegenteil wirkt die stete Wiederholung des gleichen Motivs sehr auffallend. Der ganze Aufbau des Entwurfes ist kraftvoll, trotz der Zartheit des oberen Teiles.

5. KLEINANZEIGEN

Fast alle guten Anzeigen, die bisher vorgeführt sind, nehmen ziemlich viel Raum ein. Wenn es danach bei ganz-, halb- oder viertelseitigen Anzeigen — obwohl auch hier die große Masse die Bezeichnung „schlecht“ verdient — in vielen Fällen bereits gelungen ist, etwas Gutes zu schaffen, so befinden sich die kleinen Anzeigen leider fast ausnahmslos auf einem geradezu jammervoll niedrigen Stande. Die Wirkung dieser Anzeigen dürfte zu den aufgewandten Mitteln in einem wesentlich ungünstigeren Verhältnis stehen, als es bei den großen Anzeigen der Fall ist. Man braucht nur eine beliebige Seite aus irgendeiner Zeitschrift zu nehmen, um dies bestätigt zu finden.

Auffällige Begrenzung der Anzeige. (Text auf S. 38.)

Der Aufgabe, auch die Kleinanzeigen wirksam zu gestalten, kommt aber ganz besondere Bedeutung zu, weil die hohen Papierpreise jetzt und auch wohl für absehbare Zeit die Anzeigen gewaltig verteuern, so daß auch große Firmen ganz anders als bisher mit dem Anzeigenraum rechnen müssen.

Die Aufgabe kann für eine einzelne Anzeige befriedigend gelöst werden, wenn man einigermaßen darüber unterrichtet ist, welchen Charakter die umgebenden Anzeigen haben. Man kann z. B. zwischen eine Anzahl von Anzeigen, bei denen der Raum sehr mit Schrift und Zeichnung gefüllt ist, eine ganz licht gesetzte Anzeige bringen und umgekehrt zwischen Anzeigen, die verhältnismäßig licht wirken, eine sehr massig und wuchtig ausgeführte Zeichnung. Um sämtlichen Anzeigen zur Wirkung zu verhelfen, ist indessen eine besonders geschickte Aufmachung der ganzen Seite erforderlich, und zwar sind Lösungen möglich mit kleinen Anzeigen allein oder durch Zusammenstellung von größeren und kleineren Anzeigen auf einer Seite. Notwendig ist ein guter, geschlossen wirkender Entwurf für jede einzelne Kleinanzeige (Abb. S. 112 und 113).

Die Aufgabe läßt sich indessen nur bewältigen durch enges Zusammenarbeiten zwischen den Inserenten und den Zeitschriftenverlegern. Die letzteren sehen hierfür gegenwärtig im allgemeinen noch keine Notwendigkeit ein, und auch bei den Inserenten mangelt das Interesse, weil bei den allermeisten Firmen „niemand dafür Zeit hat“. Aber gerade an dieser Stelle wäre viel Geld zu sparen!

Vielleicht ließe sich gerade für die Seiten mit Kleinanzeigen zweifarbiger Druck verwenden; die Kosten steigen dadurch nicht übermäßig.

6. HÄUFIGKEIT, GRÖSSE UND STELLUNG DER ANZEIGEN

Die Frage, welche Organe zum Inserieren gewählt und welche Beträge aufgewendet werden sollen, berührt die Organisation des Werbewesens im allgemeinen und gehört deshalb in Abschnitt IV. An dieser Stelle ist aber zu untersuchen, wie ein für eine bestimmte Zeitschrift oder Zeitung ausgesetzter Betrag am besten verwendet wird.

Als Regel darf festgehalten werden, daß eine Anzeige in einer technischen Zeitschrift mindestens alle vier Wochen, also je nach der Art des Erscheinens der Zeitschrift 12 bis 13 mal im Jahr, wiederholt werden sollte. Sonst hat das Inserieren schwerlich Zweck, da der Eindruck sich im Gehirn des Lesers von einem zum anderen Mal verwischt. Wenn möglich, sollte man alle zwei Wochen inserieren, in Tageszeitungen noch häufiger.

Ob eine weniger oft erscheinende GROSSE oder eine häufiger erscheinende KLEINE Anzeige vorzuziehen ist, hängt ganz von dem einzelnen Fall ab, namentlich davon, welcher Raum für das, was man dem Leser notwendig sagen muß oder will, erforderlich ist. Eigentlich belehrende Anzeigen mit langen Texten oder größeren Bildern lassen sich auf einem kleinen Raum einfach nicht unterbringen. Anderseits ist es schwieriger, für eine große Anzeige einen vollwertigen Entwurf zu machen, als für eine kleine. Geschickt aufgemachte, ganz kleine Schlagwort-Anzeigen, die in derselben Gestalt in zahlreichen Zeitschriften und in diesen fast in jeder Nummer erscheinen, können ganz vortreffliche Wirkung haben, aber selbstverständlich nur dann, wenn eine ausführliche Aufklärung über den Zweck und die besonderen Eigenschaften des angebotenen Gegenstandes an dieser Stelle nicht erforderlich ist. Manche Firmen glauben, daß es sich mit ihrem Ansehen nicht verträgt, wenn sie nicht ganz große Anzeigen bringen. Ich halte diesen Gesichtspunkt nicht für allzu wichtig, zumal ihm der andere entgegensteht, daß das Publikum gegenüber einer Firma, die große Anzeigen veröffentlicht, immer das Gefühl hat, daß es die hohen Werbekosten mit bezahlen muß. Durch vornehme Aufmachung einer Anzeige und interessanten, sorgfältig durchgearbeiteten Inhalt läßt sich der Mangel an Umfang auch zum Teil wieder ausgleichen.

Sehr wichtig ist die Frage, WELCHER PLATZ einer Anzeige zugewiesen wird. Hier sind die großen Anzeigen im Vorteil, weil der Zeitschriftenverlag geneigt ist, ihnen die von den Bestellern bevorzugten Plätze zu geben. Am besten ist ohne Zweifel der Platz auf dem Titelblatt, d. h. der ersten äußeren Umschlagseite, falls die Zeitschrift hier überhaupt Anzeigen aufnimmt. Voraussetzung ist allerdings, daß der Umschlag aus einigermaßen hellem Papier besteht, so daß die Anzeige kräftig zur Geltung kommt. Sodann folgen die erste Seite nach dem Umschlag (erste weiße Seite) und die Seite dem Textanfang, hierauf die dem Textschluß gegenüber. Manche Inserenten ziehen den hier genannten inneren Umschlagseiten die letzte Umschlagseite noch vor. Ist keine von den eigentlichen „Vorzugseiten“

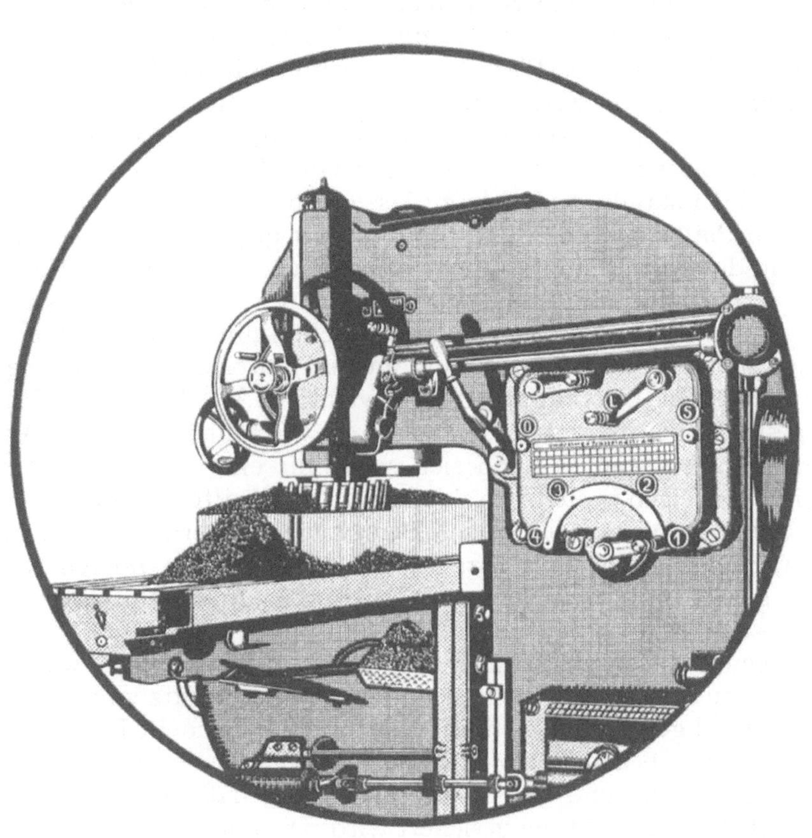

Schwere Schnitte

im Dauerbetrieb mit eng gezogenen Genauigkeitsgrenzen bilden den Prüfstein der spanabhebenden Werkzeugmaschinen. — Unsere horizontalen und vertikalen Einfach- und Universalfräsmaschinen Nr. 1 bis 5 sind für dauernde Maximalbeanspruchung des für die jeweilige Type zulässig größten Fräsers konstruiert; sie liefern bei großer Leistungsfähigkeit und einfacher Bedienung in jahrzehntelangem Gebrauch stets sauberste Qualitätsarbeit.

Wanderer-Werke A.-G., Schönau-Chemnitz

Anzeige mit kreisförmig begrenztem Bild. Mittelpunkt der Anzeige bildet das Schlagwort „Schwere Schnitte".
(Text auf S. 38 und 46.)

mehr frei, so suchen die Inserenten in der Regel wenigstens in den vorderen Anzeigenteil zu kommen, der ohne Zweifel mehr Beachtung findet, als der Teil hinter dem Text. Die beim Aufschlagen rechts gelegenen Seiten sind beliebter, als die linken Seiten, und auf der Seite selbst sind wieder die Plätze oben oder am äußeren Rande, ganz rechts und ganz links, bevorzugt. Für besonders günstig gilt in Übereinstimmung mit den Ergebnissen psychotechnischer Versuche der Platz an der rechten oberen Ecke einer rechten Seite.

Es ist für den Verlag der Zeitschrift oft außerordentlich schwer, die Wünsche der Inserenten miteinander in Einklang zu bringen, zumal bei Auftragerteilung nicht selten ein Ultimatum gestellt wird. Vereinzelt ist seitens der Zeitschriften der Versuch gemacht worden, die Anzeigen ständig wechseln zu lassen, so daß jeder Inserent nach und nach einmal die besten Plätze bekommt. Ich halte das für grundsätzlich verkehrt. Dem Leser soll das Studium des Anzeigenteils so sehr wie irgend möglich erleichtert werden; es ist aber für den, der sich für die Erzeugnisse bestimmter Firmen interessiert, höchst unbequem, wenn er die betreffenden Anzeigen nicht immer an derselben Stelle findet, sondern danach suchen muß. Er wird dann auf die Durchsicht der Anzeigen unter Umständen ganz verzichten. Überhaupt wird die wichtige „Wiederholungs-Wirkung" durch den Wechsel gestört. Die Inserenten können also mit Fug und Recht auf Anweisung eines festen Platzes bestehen, und es kann sich sogar für eine Firma empfehlen, dahin zu streben, daß ihre Anzeigen in den verschiedenen Zeitschriften immer an entsprechenden Plätzen erscheinen. Erfolg werden solche Bemühungen allerdings wohl nur bei kleinen „Schlagwort-Anzeigen" haben, die man etwa überall in einer oberen rechten Ecke im vorderen Anzeigenteil unterbringen kann. Bei großen Anzeigen ist für den Verlag die Platzverteilung zu schwierig.

Zum Teil haben die Zeitschriften es sich selbst zuzuschreiben, wenn sie beständig Schwierigkeiten mit den Inserenten haben, denn im Gegensatz zum redaktionellen Teil wird der Anzeigenteil gewöhnlich sehr stiefmütterlich behandelt. Die Verleger geben sich nur selten Mühe, dazu beizutragen, daß auch dieser Teil der Zeitschrift für den Leser eine Quelle der Anregung und Belehrung bildet, und daß infolgedessen den einzelnen Anzeigen möglichst viel Beachtung gesichert wird. Die amerikanischen Zeitschriften sind in dieser Beziehung vorangegangen, indem sie wenigstens die Anzeigen gleicher Fachgebiete zusammenbringen und außerdem dem Anzeigenteil ein Inhaltsverzeichnis beigeben. Das erleichtert das Studium der Anzeigen ganz außerordentlich. Anzuerkennen ist, daß man von seiten deutscher Zeitschriften eine Nachahmung dieser Einrichtungen versucht hat; sie ist zum Teil am Widerstand der Inserenten gescheitert. Die Firmen, die große Anzeigen aufgeben und dadurch die Aufmerksamkeit des Publikums besonders auf sich lenken, wünschen nicht, daß ihre kleinen Wettbewerber davon ebenfalls Nutzen ziehen, indem sie sich der großen Anzeige unmittelbar anreihen. Man sollte diesen kleinlichen Gesichtspunkt aufgeben, denn dadurch, daß der Anzeigenteil überhaupt interessanter und übersichtlicher gestaltet wird, haben alle gleichmäßig Nutzen, und der großen Firma stehen immer noch Mittel genug zu Gebote, um ihre Bedeutung im Vergleich mit den kleinen in eindrucksvoller Weise darzulegen.

Manche Zeitschriften suchen dem Anzeigenteil dadurch seine Einförmigkeit zu nehmen, daß sie farbige Blätter einlegen, ein Mittel, das nach meinen Erfahrungen nicht allzu wirksam ist, zumal auf diesen Blättern der Druck, insbesondere der von Autotypien, weniger gut herauszukommen pflegt als auf weißem Papier.

Ein Hervorheben von Anzeigen durch Einstreuen in den redaktionellen Teil ist im Interesse des Ansehens der Zeitschrift nur dann zulässig, wenn eine klare Trennung aufrechterhalten und die Anordnung so getroffen wird, daß der Text von den Anzeigen losgelöst und gesondert aufbewahrt werden kann. Dies ist der Fall, wenn einzelne, auf farbigem Papier gedruckte Anzeigenblätter zwischen die Textseiten eingeheftet werden. Auch ist es nicht zu verwerfen, wenn Marktberichte und andere Nachrichten, die NUR AUGENBLICKLICHES INTERESSE haben, an die Spitze von Anzeigenseiten gestellt werden. Keinesfalls sollte aber eine Zeitschrift Anzeigen auf den eigentlichen Textseiten mit abdrucken; sie wird ihrem Ansehen damit auf die Dauer in bedenklicher Weise schaden.

Auffallende Zeichnung, sehr wirksam im freien Raum. Schrift schwer leserlich. (Text auf S. 38/39.)

7. DURCHBILDUNG DES ANZEIGENTEILES DER ZEITSCHRIFTEN

Das beste Mittel, um den Anzeigen größere Beachtung zu verschaffen, wäre es, wenn der Verlag selbst dahin wirkte und die Inserenten dahin beeinflußte, DASS SIE WIRKLICH INSTRUKTIVE, LESENSWERTE ANZEIGEN AUFGEBEN, und er kann das tun, indem er für solche Anzeigen besondere Vorteile einräumt. Natürlich gilt das in erster Linie für die größeren Anzeigen, aber auch die kleineren können davon Nutzen ziehen.

Der Verlag könnte also etwa in der Weise vorgehen, daß er gewisse Firmen verpflichtet, in jeder ihrer Anzeigen oder von Zeit zu Zeit irgendeine beachtenswerte ausgeführte Anlage, eine konstruktive Neuerung, eine organisatorische Maßnahme oder dergleichen zu beschreiben oder Betriebsergebnisse mitzuteilen. Diese Anzeigen wären dann gleichmäßig zu verteilen, und es wäre an auffälliger Stelle, etwa auf der ersten Seite, ein Verzeichnis dieser Anzeigen — es würde sich vor allem um ganzseitige oder mehrseitige handeln — zu veröffentlichen. Ohne Zweifel würde man diese Mitteilungen, wenn sie ernsthaft fachmännisch redigiert werden, sehr gern lesen, zumal sie wegen des knappen Raumes kurz und übersichtlich gefaßt sein müssen.

Der Unterschied gegenüber dem redaktionellen Teil besteht darin, daß die Zeitschrift keine Verantwortung übernimmt und es dem Leser überläßt, die Wahrheit des Mitgeteilten nachzuprüfen. In formaler Beziehung könnte aber der Verlag recht wohl eine Redaktion vornehmen. Er könnte den betreffenden Firmen außerdem einen Gegenwert dadurch bieten, daß er für künstlerisch wirksame Durcharbeitung dieser „Vorzugs-Anzeigen" sorgt. Eine hierfür geeignete Persönlichkeit, die aber nicht nur künstlerisches, sondern auch technisches Verständnis haben muß, sollte von jedem größeren Zeitschriftenverlag für die Bearbeitung des Anzeigenteiles beschäftigt werden. Bei den Werten, um die es sich hier handelt, dem Setzer freie Hand zu geben, ist ein Unfug, dem das anzeigende Publikum nicht ruhig zusehen sollte.

Was hier über die Anzeigen in Fachzeitschriften gesagt ist, gilt größtenteils sinngemäß auch bezüglich der Anzeigen in Tageszeitungen, belletristischen Zeitschriften, Fachkalendern, Taschenbüchern und dergleichen.

B. DRUCKSACHEN

1. GRUNDLEGENDE GESICHTSPUNKTE

Die Drucksache dient in noch wesentlich höherem Maße als die Anzeige der BELEHRUNG oder AUFKLÄRUNG des Lesers. Die zweite Aufgabe der Anzeige, den Namen „einzuhämmern", kommt der Drucksache in geringerem Maße zu, weil sie wegen der hohen Kosten nicht so häufig in die Hände der Käuferkreise gebracht werden kann.

Drucksachen können nach Inhalt, Umfang, Format[1]), Ausstattung und Verwendungszweck unendlich vielgestaltig sein. Eine Einteilung zu treffen wie bei den Anzeigen, ist nicht möglich. Man unterscheidet wohl zwischen Album, Katalog, Preisliste, Broschüre und Flugblatt, wozu dann auch noch regelmäßig erscheinende „Mitteilungen" und von der Firma selbst herausgegebene Zeitschriften kommen. Indessen gehen diese verschiedenen Arten von Drucksachen so sehr ineinander über, daß sie nicht getrennt zu besprechen sind. Auch lassen sich schwerlich irgendwelche allgemeinen Leitsätze aufstellen. Eine Drucksache darf, wenn sie gut redigiert und ausgestattet und in richtiger Weise in die Hände der Kunden gebracht wird, von vornherein weit mehr auf Beachtung rechnen als eine Anzeige; sie ist nicht an einen engen Raum gebunden, und es sind daher zahlreichere und vielseitigere Mittel zur Erzielung der gewünschten Wirkung möglich und zulässig.

Zum GEGENSTAND kann die Drucksache die Bauart, die Eigenschaften und die Anwendung des Erzeugnisses, praktisch erzielte Betriebsergebnisse, Herstellungsverfahren, die Leistungsfähigkeit der Fabrik und anderes mehr haben. Montage- und

---

[1]) Auf die vom Normenausschuß der deutschen Industrie festgelegten Normalformate (DIN 476, Reihe A) sei besonders hingewiesen, ebenso auf die Bestrebungen der „Technisch-Wissenschaftlichen Lehrmittelzentrale", Berlin NW 87, Huttenstr. 12, hinsichtlich Veredelung des Werbewesens (vgl. den Anhang S. 141).

Auffallende Zeichnung im freien Feld. Vorzüglich angeordnete Schriftbuchstaben MAN, in allen Anzeigen wiederkehrend. (Text auf S. 39.)

Anzeige ohne Umrandung, daher gute Ausnutzung des anstoßenden freien Raumes der Seite. Darstellung lebhaft bewegt infolge unsymmetrischer Anordnung. (Text auf S. 39/40.)

Betriebsanweisungen gehören nicht unmittelbar zum Thema „Werbung". Ob vorzugsweise durch Text oder durch Bilder oder durch beides gleichmäßig gewirkt wird, ist an sich gleichgültig und kann nur der Beurteilung im einzelnen Falle unterliegen. In Frage kommt dabei nicht nur, was man mitteilen will, sondern auch, für welche Art der Reklame das Publikum, das man zu beeinflussen wünscht, am besten zugänglich ist. Die Maschinenindustrie z. B. wendet sich in der Hauptsache wieder an Fabrikanten der verschiedensten Art. Es gibt nun Industrien, bei denen man damit rechnen muß, daß die maßgebenden Persönlichkeiten außerordentlich angespannt zu arbeiten haben — dies pflegt u. a. bei den Maschinenfabriken selbst der Fall zu sein; andere Werke dagegen, die irgendeine einheitliche Ware hervorbringen — z. B. viele chemische Fabriken, Bergwerke, Ziegeleien usw. — bedürfen, außer für Neueinrichtungen, verhältnismäßig wenig technischer Arbeit, so daß den Direktoren reichlich Zeit zur Verfügung steht. Für die Abfassung der Drucksachen ist das ein wichtiger Punkt. Stark beschäftigte Leute sollte man möglichst entlasten, indem man ihnen nicht zumutet, viel Text zu lesen, sondern den Hauptnachdruck auf die Erläuterung durch photographische Abbildungen oder Zeichnungen legt. Es empfiehlt sich, die Abbildungen mit ausführlichen Unterschriften zu versehen, so daß der Beschauer nicht den zugehörigen Text zu suchen braucht und somit in denkbar kürzester Zeit ohne Anstrengung das, was er wissen will, erfahren kann. Angehörige anderer Gruppen dagegen, die reichlich Zeit haben, sind oft froh, wenn man ihnen ausführlichen, LESENSWERTEN Stoff bringt; sie würden eine derartig kurze Darstellung, wie oben empfohlen, vielleicht als ausgesprochene Reklame empfinden und weniger würdigen. Um das Richtige zu treffen, ist also ein genaues Studium des Kundenkreises und eine Nachprüfung der mit den versandten Drucksachen erzielten Wirkung erforderlich.

Die bildlichen Darstellungen können und müssen noch mehr als bei Anzeigen INSTRUKTIVEN Charakter haben. Klarheit und Übersichtlichkeit, die ein rasches Erfassen des Gegenstandes ermöglichen, sind natürlich auch sehr erwünscht, aber doch nicht in solchem Maße notwendig wie dort. Künstlerisch ausgeführte Zeichnungen im Innentext anzuwenden, hat wenig Zweck, weil sie selten geeignet sind, belehrend zu wirken, doch können sie für die Ausstattung des Umschlages gute Dienste leisten. Sehr zu empfehlen sind deutlich ausgeführte Konstruktionszeichnungen, Lagepläne und dergleichen.

In jeder Drucksache, einerlei was sie behandelt, sollte eine kurze Aufzählung aller Fabrikationszweige der Firma enthalten sein. Platz dafür findet sich immer, wenn auch an untergeordneter Stelle; man sollte diese billige Gelegenheit zur Werbung nicht ungenützt lassen.

Vorzüglich durchgebildeter, trotz fehlender Umrandung in sich geschlossener Anzeigenentwurf. Lebhaft bewegt und auffallend durch die A-Striche. (Text auf S. 39/40.)

2. GRÖSSERE WERBESCHRIFTEN

Über den Charakter der Ausführung im allgemeinen ist folgendes zu bemerken.

Viele Fabriken halten es gelegentlich einmal, namentlich aus Anlaß von Jubiläen, für notwendig, ein sehr vornehm ausgestattetes Werk herauszugeben, das nicht nur die Erzeugnisse, sondern vor allem auch die Geschichte und die Leistungsfähigkeit des Werkes zu behandeln pflegt. Ein solches Buch hat einen Sinn nur dann, wenn es sich um eine entsprechend große Fabrik handelt, die damit ihre Bedeutung kennzeichnen will; bei kleinen Firmen würde diese Reklame lächerlich wirken und mehr schaden als nützen. Der Empfänger denkt naturgemäß sofort an die Kosten, die er, wenn er Kunde ist, bezahlen muß. Will man also derartige allgemein gehaltene Werke über die Firma herstellen, um sie wichtigen Kunden oder Besuchern der Fabrik als Andenken zu überreichen, so vermeide man allen übertriebenen Luxus und suche durch interessanten, von Selbstlob freien Text und entsprechend vortreffliche Abbildungen, sowie dadurch, daß man die Herstellung einer guten Druckerei überträgt oder sie von einem Buchfachmann überwachen und besonders geschmackvoll ausführen läßt, den Eindruck der gediegenen, vornehmen Gabe zu erwecken. Man versuche dem Büchlein durch eine geschickt geschriebene Einleitung, die sich an die Freunde der Firma wendet, INTIMEN Charakter zu geben und jeden Anschein einer sich aufdrängenden Reklame auszuschalten. Man vermeide also das „Prachtalbum“!

Ist ein solches Buch nicht nur gut ausgestattet, sondern auch fachmännisch und objektiv geschrieben, so kann es unter Umständen einen wertvollen Beitrag zur Geschichte der betreffenden Industrie bilden.

Am nächsten steht einem solchen Unternehmen ein KATALOG, der zweckmäßig alle Fabrikate des Werkes behandelt und daneben auf die Fabrik und die Herstellungsverfahren eingehen kann. Auch hier nehme man das Format nicht zu groß und verwende dafür lieber etwas mehr auf die Herstellung und Retusche der Abbildungen sowie auf Papier, Druck und Einband. Ein Katalog, der gewissermaßen das Werk repräsentiert, soll den Eindruck einer sorgfältig durchgearbeiteten Leistung machen, denn es ist nur natürlich, daß der Empfänger daraus unwillkürlich einen Schluß auf die Sorgfalt zieht, mit der die Lieferungen der Firma durchgeführt werden. Aller unnötige Zierrat und alles, was den Eindruck des Gekünstelten hervorruft, sollte aber, ebenso wie bei den Anzeigen und aller übrigen Reklame, fortbleiben. „Buchschmuck“ paßt in den Katalog eines industriellen Werkes nicht besonders gut hinein, eher noch in ein Geschenkwerk wie oben besprochen. Je einfacher die Ausführung ist, um so besser; um so schwieriger ist es allerdings auch, eine gefällige Wirkung zu erzielen.

Es empfiehlt sich vor allen Dingen, zu Katalogen, wenn irgend möglich, bestes holzfreies, am liebsten doppelt gestrichenes Kunstdruckpapier zu nehmen, um einen tadellosen Druck zu erzielen[1]). Der Satz muß übersichtlich gegliedert sein, und die Abbildungen sollen so stehen, daß man nicht umzublättern braucht, um sie zu finden.

Die Gliederung des Satzes läßt sich am besten dadurch erreichen, daß man ein Kapitel in Unterabschnitte teilt und diesen Untertitel gibt, die aber, damit das Ganze ruhig wirkt, nicht zwischen den Textzeilen zu stehen brauchen, sondern in die Zeilen eingerückt werden können (vgl. S. 108)[2]). Innerhalb des Textes einzelne Worte fett zu drucken, empfiehlt sich im allgemeinen nicht wegen der unschönen, an Zeitungsdruck erinnernden Wirkung. Besser ist SPERREN, d. h. Auseinanderrücken der Buchstaben, oder zur stärkeren Hervorhebung Unterstreichen der Worte mit einer schwarzen oder farbigen Linie.

In dem Katalog sollte genau vorgeschrieben sein, welche Angaben der Kunde bei einer Anfrage machen muß, um ohne weitere Rückfrage ein richtiges Angebot zu erhalten. Gewöhnlich wird zu dem Zweck ein FRAGEBOGEN hinten eingeheftet.

Wenn es möglich ist, im Katalog selbst schon PREISE anzugeben, so erleichtert das den Gebrauch für den Kunden außerordentlich. Bei vielen Arten von Maschinen ist dies allerdings ausgeschlossen. Im übrigen hängt es mit der ganzen Geschäftspolitik zusammen, ob man Preise angeben will oder nicht. Ein Katalog mit Preisen erweckt unter allen Umständen einen günstigeren Eindruck und stärkt das Vertrauen, daß die Firma ihre Kunden nicht übervorteilen will.

Für den EINBAND des Katalogs genügt Pappe mit Papierüberzug. Man spare nicht zu sehr, sondern wähle ein modernes, feines Papier von kräftiger Färbung. Für ganz besonders gute Ausführung können unter Umständen auch Leinenbände in Betracht gezogen werden, die aber den Nachteil haben, daß sie sich leicht werfen, weshalb nur eine sehr erfahrene Buchbinderei mit der Herstellung betraut werden darf. Auch von dieser lasse man aber zunächst einige Probebände anfertigen. Auf die Ausführung des Titels, der kurz und auffallend, aber dabei vornehm sein muß, ist besondere Sorgfalt zu verwenden. Verfehlt ist es jedoch, wie es häufig geschieht, den Deckel einem Künstler zu

---

[1]) Für die Werbung im Inlande müssen die Ansprüche gegenwärtig heruntergeschraubt werden; für Auslandwerbung gilt aber alles, was hier gesagt ist, in vollem Maße.

[2]) Ausführung ebenso wie bei den Umschlägen S. 115 nach Angabe von H. Loose.

übergeben, die innere Ausführung aber dem Setzer der Druckerei zu überlassen, denn ein solcher Katalog enttäuscht gar zu bitter beim Aufschlagen.

Kleinere BROSCHÜREN, gewöhnlich mit ausführlichem Text, werden veröffentlicht, um ein bestimmtes Erzeugnis, das neu eingeführt werden soll oder vervollkommnet ist, eingehend zu beschreiben, oder auch, um die Anwendung der Erzeugnisse der Firma für irgendeinen Industriezweig zu erörtern, oder um eine Darstellung einer größeren, vorbildlichen Anlage zu geben. Häufig erscheinen diese Broschüren als Sonderdrucke eines Aufsatzes, der in einer Zeitschrift veröffentlicht war; sie sind dann besonders wirksam, vorausgesetzt, daß es sich um eine Zeitschrift ersten Ranges handelt. In solchem Falle

AEG
Turbodynamos

Wirksame Schlagwortanzeige. (Text auf S. 41.)

ist in der Regel das Format der Zeitschrift beizubehalten. Für diejenigen Broschüren, bei denen man in der Wahl des Formates frei ist, sollte unbedingt eines der vom Normenausschuß der Deutschen Industrie festgelegten Formate nach DINORM 476, Reihe A, angenommen werden. In Frage kommen die Größen 210 × 297 mm, 148 × 210 mm und 105 × 148 mm, letzteres als Taschenformat. Die großen Firmen haben durchweg bestimmte Sonderformate für ihre Drucksachen eingeführt und ermöglichen dadurch das Aufbewahren in Mappen, die sie ihren Kunden für diesen Zweck zu schenken pflegen. Infolge Festlegung der Formate durch den Normenausschuß ist nunmehr auch den mittleren und kleinen Firmen die Möglichkeit geboten, ihren Drucksachen ein zum Aufbewahren geeignetes Format zu geben, ein großer Vorteil, den sich keine Firma entgehen lassen sollte. Wenn das Taschenformat 105 × 148 mm angenommen wird, so paßt die Druckschrift unmittelbar in die Karteien nach dem System der Technisch-Wissenschaftlichen Lehrmittelzentrale. Bei dem Format 148 × 210 mm, das für die allermeisten Klischees ausreicht, läßt sich dieser Vorteil indessen ebenfalls verwirklichen, wenn man dem Umschlag die Größe 105 × 148 mm gibt und die Textseiten zum Einschlagen auf dieses Format einrichtet.

Im übrigen können die Normalformate hoch und quer benutzt werden; bequemer für die Aufbewahrung ist Hochformat.

Stärkere Broschüren erhalten zweckmäßig einen Umschlag von steifem Papier. Hier gilt wieder wie bei den Katalogen, daß man nicht zu schlechtes, billiges Material verwenden sollte. Die meisten im Handel käuflichen Umschlagpapiere sind für Broschüren, von denen man doch wünscht, daß sie auffallen, wenn sie auf dem Schreibtisch zwischen anderen Papieren liegen, gar nicht zu gebrauchen. Die Farben sind entweder matt und trübselig, oder süßlich, oder zu aufdringlich und schreiend, während die modernen, allerdings sehr teuren Papiere ganz hervorragend schöne Farben aufweisen.

Für die Ausstattung des Katalogdeckels sind im übrigen ähnliche Gesichtspunkte maßgebend, wie für Anzeigen. Immerhin ist die Auffälligkeit nicht derart ausschlaggebend wie dort, und man wird mehr bestrebt sein, der Drucksache einen ruhigen, vornehmen Charakter zu geben. Beispiele geben S. 115 und 116, sämtlich mehrfarbig gedruckte Deckel für kleinere Broschüren. Bei Abb. S. 116 wird die Vornehmheit der Drucksache nicht durch die auffallende Wirkung beeinträchtigt.

Sehr empfehlenswert ist es, die Mitteilungen des Werkes IN REGELMÄSSIGER FOLGE erscheinen zu lassen und zu nummerieren, so daß der Empfänger prüfen kann, ob er alle Nummern erhalten hat. Die Kunden werden dadurch zum Aufbewahren der Mitteilungen angeregt, besonders wenn ihnen noch Sammelmappen zur Verfügung gestellt werden. Allerdings läßt sich dieses Verfahren nicht so bequem durchführen, wenn die Firma an eine Reihe von verschiedenen Industrien liefert und infolgedessen einen sehr großen Kundenkreis besitzt, so daß sie nicht jede Broschüre an alle Kunden schicken kann, ohne die Kosten zu hoch werden zu lassen.

Noch wirksamer kann die Herausgabe einer EIGENEN ZEITSCHRIFT sein, die regelmäßig, etwa monatlich einmal, erscheint. Diese Reklame ist jedoch der Kosten wegen nur für sehr große Werke durchführbar, und auch nur dann, wenn der Kundenkreis nicht allzu groß ist. Jedenfalls überlege man, ehe man ein derartiges Unternehmen anfängt, ob es auch durchgeführt werden kann, denn es ist nicht gerade ruhmvoll, wenn man es nachher wieder aufgeben oder einschränken muß. Man unterschätze auch die Schwierigkeit der Beschaffung geeigneten wissenschaftlichen Stoffes nicht und überlege wohl, ob nicht die bestehenden Möglichkeiten der Veröffentlichung durch wissenschaftliche Zeitschriften usw. völlig genügen! Eine rasche Bekanntgabe und Verbreitung wertvoller Ergebnisse ermöglichen die Einrichtungen der „Technisch-Wissenschaftlichen Lehrmittelzentrale“[1]).

Nicht zu billigen ist es, wenn versucht wird, die Kosten der Zeitschrift durch Anzeigen seitens der Lieferer des Werkes zu decken und bei der Anzeigenwerbung mit der technischen Fachpresse in Wettbewerb zu treten, deren Bestehen von den Anzeigen abhängt. Meist wird übrigens eine Selbsttäuschung vorliegen, denn letzten Endes werden die Ausgaben hierfür in den Rechnungen der Lieferer doch wieder untergebracht.

3. FLUGBLÄTTER

Flugblätter, die als Beilage für Zeitschriften und Briefe dienen, werden meistens zweiseitig oder auch wohl vierseitig gedruckt. Je auffallender das Blatt wirkt, um so mehr

[1]) Vgl. den Anhang S. 141.

kann es auf Beachtung rechnen. Blätter, die sich nicht von dem Durchschnittstyp abheben, gehen namentlich bei solchen Zeitschriften, die regelmäßig eine größere Anzahl von Beilagen haben, fast völlig verloren. Demnach sind zum Teil die Grundsätze maß-

Schlagwortanzeige mit einer für den normalen Augenabstand reichlich großen Schrift. (Text auf S. 41.)

gebend, die für Anzeigen entwickelt waren. Wenn irgend möglich, verwende man die erste Seite zu einem einheitlichen, in seiner Gesamtheit wirkenden Entwurf. Irgendeine der verschiedenen Formen, die bei den Anzeigen erörtert wurden (Schlagwort-, Text- oder Bildanzeige) ist, sinngemäß übertragen, auch für ein Flugblatt zulässig. Man ist insofern in günstigerer Lage als bei einer Anzeige, weil eine große Fläche zur Verfügung steht und außerdem mehrfarbiger Druck benutzt werden kann.

Sehr verstimmend wirkt es allerdings, wenn die erste Seite künstlerisch befriedigend durchgeführt und auf der zweiten dann ohne Hinzuziehung des Entwurfzeichners irgend-

Übersichtlicher, Schrift besser lesbar. (Text auf S. 41.)

ein beliebiger, unschön ausgeführter Satz angebracht ist. Die Drucksache muß einheitlich durchgearbeitet sein, sonst hilft die erste Seite auch wenig, denn das Blatt wird dann beim Umwenden weggeworfen. Die zweite Seite soll ausführlichere Angaben in satztechnisch guter, übersichtlicher Form enthalten. Gelingt es nicht, zu einem vorhandenen

Entwurf den weiteren Text passend anzuordnen, so verzichte man lieber auf den Entwurf und mache etwas ganz Neues, selbst wenn die erste Seite etwas weniger gut ausfällt.

Auch für den Inhalt der Flugblätter gelten im großen und ganzen ähnliche Grundsätze wie für Anzeigen, indessen ist man wegen des größeren Raumes erheblich freier. Richtig erscheint es jedenfalls, zum Hauptgegenstand nur ein einziges Erzeugnis oder wenigstens eine bestimmte Gattung von Erzeugnissen zu wählen und deren Eigenschaften und Anwendung kurz zu erörtern. Eine Aufzählung der übrigen Fabrikate braucht indessen hier in keinem Falle zu fehlen, denn dafür läßt sich beim Flugblatt immer Raum finden.

Falls eine Firma eine größere Anzahl verschiedener Arten von Maschinen baut, die aber alle zu einer Gruppe — z. B. Motoren — gehören, und zur Geltung gebracht werden soll, daß sie schon zahlreiche Ausführungen geliefert hat — dies kann besonders für eine jüngere Firma wichtig sein —, so kann man zu dem Mittel greifen, eine Anzahl kleine Abbildungen von nur wenigen Zentimetern Seitenlänge zu bringen, deren Unterschriften kurze Angaben über die Größe und den Aufstellungsort der Anlage enthalten. Das wirkt eindringlicher und überzeugender als eine bloße Aufzählung. Allerdings ist dies auf einem zweiseitigen Prospekt kaum möglich. Überhaupt gehört ein guter Entwurf dazu, damit die Seiten ein geschlossenes Aussehen bekommen. Bei großen, älteren Firmen, deren Leistungsfähigkeit bekannt ist, hat das Verfahren kaum einen Zweck, denn das Publikum wird in solchem Falle durch die vielen kleinen Bildchen eher gelangweilt. Einige wenige große und klare Abbildungen besonders interessanter, merkwürdiger Anlagen sind hier wirksamer.

Ein recht gutes Beispiel eines Flugblattes gibt Abb. S. 117. Hier sind auch die weiteren Seiten einheitlich, zum Hauptentwurf passend, durchgebildet, so daß die ganze, im Original in Offsetdruck aus geführte Drucksache vorzüglich wirkt. An dem Entwurf des Titelblattes ist allerdings auszusetzen, daß der Rahmen für die Schrift durch die kleinen ornamentartig ausgebildeten Konsolen mit der Grundplatte der Lokomobile in Verbindung gebracht ist, während natürlich irgendein technisch-konstruktiver Zusammenhang nicht bestehen kann. Dies ist offenbar ein Verlegenheitsprodukt, das für den Ingenieur etwas störend wirkt. Noch mehr ist die Schrift zu kritisieren, die zwar sehr ornamental wirkt, aber bis auf den Namen „Lanz" schwer lesbar ist, namentlich auf geringe Entfernung.

Gute Gedanken zeigt auch das Blatt S. 119. Die Zeichnung in der Mitte ist vortrefflich. Zu beanstanden ist, daß auf der Vorderseite, die von vielen allein angesehen wird, der Name des Werkes fehlt, der leicht in der Zeichnung der Maschine hätte angebracht werden können.

Ungemein kräftig und eindrucksvoll ist das Blatt S. 120, das, ebenso wie Abb. S. 121, im Original mehrere Farben hat[1]). Der massige Aufbau der Kühler mit ihrer charakteristischen Form bildet an sich bereits einen guten Vorwurf; durch die achtmalige Wiederholung wird die Wirkung noch außerordentlich gesteigert.

Der ernste Eindruck von Abb. S. 123 entspricht dem Charakter des Bergbaues, dem die Druckluftlokomotiven vorzugsweise dienen. Die Gesamtanordnung des Blattes — Zeichnung und Schrift — ist vorzüglich.

Die Heraushebung einer kennzeichnenden Einzelheit ist in Abb. S. 125 in besonders glücklicher Weise gelungen. Es wird nicht leicht möglich sein, das Blatt zu übersehen. Auch als Anzeige würde der Entwurf, ebenso wie Abb. S. 113, auf das beste zu verwerten sein.

---

[1]) Beispiele zweifarbig gedruckter Blätter folgen im nächsten Abschnitt.

Gewindelehren
liefern schnell

Schuchardt & Schütte
Berlin C / Spandauer Str. 28—29

Gewindelehren
liefern schnell

Schuchardt & Schütte
Berlin C Spandauer Straße 28–29

Gut durchgeführte, leichte Anzeigen, getrennt durch eine schwere Zeichnung. (Text auf S. 41.)

Bezüglich des Wertes von Blättern mit rein sachlichem, wissenschaftlichem Inhalt nach den Vorschlägen der Technisch-Wissenschaftlichen Lehrmittelzentrale kann auf die Einleitung verwiesen werden.

Als FORMAT wird für Flugblätter gewöhnlich die bisher übliche Größe eines Geschäftsbriefbogens gewählt, die allerdings für einige Zeitschriften zu breit ist. Schon aus diesem Grunde sollte das vom Normenausschuß festgelegte neue Briefbogenformat 210 × 297 mm allgemein verwendet werden. Das Papier wird wegen der großen Auflage nicht zu teuer genommen. Für Briefbeilagen benutzt man nicht selten dünnes durchsichtiges, sogenanntes Florpostpapier, auf dem auch Autotypien noch leidlich herauskommen, das aber nur einseitig bedruckt werden kann.

Vielleicht noch besser als Flugblätter im Briefbogenformat eignen sich als Briefbeilagen kleine Blätter in $^1/_4$ der Größe (105 × 148 mm), die ungefaltet in den Umschlag geschoben werden können. Diese Blätter sind billig, lassen sich dem Briefe bequem beifügen und finden eher Beachtung als große Blätter, weil sie nicht auseinandergefaltet zu werden brauchen.

4. DRUCK UND PAPIER

Ob MEHRFARBIGER ODER EINFARBIGER DRUCK für eine Drucksache angewandt wird, ist vor allem eine Kostenfrage. Selbstverständlich verstärken mehrere Farben die Auffälligkeit, doch wird die Wirkung leicht überschätzt. Die Versuchung, mit Farben zu viel zu tun, ist namentlich bei Flugblättern sehr groß. Man findet hier die unglaublichsten Leistungen, schreiende Disharmonien in Blau, Rot und Grün. Tadelt man derartige Sachen, so wird geltend gemacht, die Hauptsache sei die Auffälligkeit, damit wäre der Reklamezweck erreicht. Das ist aber, wie schon früher ausgeführt, nicht richtig. Eine auffallende, geschmacklose Drucksache wird von dem ernsthaften Kunden noch schneller als eine langweilige in den Papierkorb befördert, und wenn sich derartige Dinge wiederholen, so kann sich das Gefühl des Ärgers schließlich zu einem Vorurteil gegen die Firma verdichten, besonders wenn das Flugblatt noch durch „Witze“ in Wort und Zeichnung anziehender gestaltet wird.

Die wirklich guten, wirksamen Flugblätter weisen meistens zwei, zum Teil auch nur eine Farbe auf. Wo drei Farben benutzt werden, sind sie fast durchweg so gewählt, daß zwei von ihnen wenig Kontrast aufweisen, so daß nicht eine schreiende Farbwirkung, sondern eine künstlerische Vertiefung der Bildwirkung erzielt wird. Besonders auffällig ist dies bei grau und schwarz gehaltenen Blättern, bei denen der nicht sachkundige Beschauer glauben kann, daß es sich um einen einzigen Druck handelt. Wo zuviel Farben benutzt sind, kann selbst bei an sich guten Entwürfen und sorgfältiger Abstimmung der Farben die Gesamtwirkung und Übersichtlichkeit durch die Unruhe des Bildes beeinträchtigt werden. Man bedenke auch, daß vielfarbige Blätter etwas so Alltägliches sind, daß sie an sich keinen Reiz mehr ausüben; die Farbe ist also nur zulässig, wenn dadurch der Gesamteindruck, insbesondere der einer Zeichnung, gehoben wird.

Beispiele guter mehrfarbiger Flugblätter geben S. 27, 129, 131 und 137. Gemeinsam ist allen, daß die Farbe sparsam verwendet ist, so daß die farbig gehaltenen Texte — mögen sie auch nur einen ganz kleinen Teil der Bildfläche einnehmen — sich leuchtend herausheben und dadurch das ganze Bild ungemein beleben und auffallend machen. Meisterhaft ist namentlich Abb. S. 27 durchgeführt, in welcher der Hauptteil der grauen, nur eben aus dem Dunkel sich heraushebenden Gestalt mit dem Bohrhammer zu den beiden farbigen Flecken einen ungemein wirksamen Kontrast gibt. Abb. S. 129 überrascht durch die Originalität des Motivs, den in die Schrift hineingearbeiteten Feuerstrahl des Schneidbrenners.

Gewindelehren
liefern schnell

Schuchardt & Schütte
Berlin C Spandauer Straße 28–29

Gewindelehren
liefern schnell

Schuchardt & Schütte
Berlin C / Spandauer Str. 28–29

Gegenbeispiel zu S. 65. Unrichtige Stellung der Anzeigen. (Text auf S. 41.)

Von ganz hervorragender Wirkung ist die als Randleiste für die Innenseiten eines vierseitigen Flugblattes verwandte Zeichnung Abb. S. 134 und 135. Der starke Eindruck ist teils auf die geschickte Verwendung der Farbe für die glühenden Tiegel, teils auf die rhythmische Wiederholung des gleichen Motivs — schreitende Männer — zurückzuführen.

Wenn schon bei Flugblättern, die von mehrfarbiger Ausführung immerhin noch am meisten Nutzen ziehen können, zur Mäßigung zu raten ist, so gilt das noch viel mehr für andere Arten von Drucksachen, wie Kataloge und Broschüren. Es wäre unrichtig, zu sagen, daß zwei Farben immer überflüssig sind, aber jedenfalls sind die Fälle selten, wo dadurch etwas erheblich Besseres erzielt wird. Ich habe wiederholt Gelegenheit gehabt, Drucksachen miteinander zu vergleichen, die zunächst mehrfarbig und dann, für irgendeinen anderen ähnlichen Zweck, bei sonst ungefähr gleicher Ausführung einfarbig gedruckt waren, und muß sagen, daß mir auf die Dauer die einfarbigen Drucksachen fast durchweg besser gefallen haben. Wo Auffälligkeit nicht unbedingt nötig ist, sollte man immer vermeiden daran zu erinnern, daß eine Reklame vorliegt; der auffallend farbige Druck hat aber immer etwas Reklamemäßiges an sich.

Photographische Abbildungen und Text sollten nie anders als schwarz oder in einem tiefdunklen, blauschwarzen oder grünschwarzen Ton gedruckt werden[1]). Farben eignen sich nur für künstlerische Zeichnungen, ferner für Umrandungen und für einzelne, besonders hervorzuhebende große Anfangsbuchstaben. Für den Umschlag eines Katalogs ist eine kräftige Umrandungs- oder Unterstreichungslinie in farbiger Ausführung durchaus nicht zu verwerfen, aber Deckelentwürfe in einer ganzen Reihe von Farben, wie man sie zuweilen sieht, bedeuten meistens eine zwecklose Geldausgabe. Unter Umständen muß man allerdings mit der Vorliebe gewisser Kundenkreise für kräftige Farben rechnen; dies gilt für die Landwirtschaft, die ja auch blau-, rot- und grüngestrichene Maschinen verlangt. Bei Ausland-Drucksachen erkundige man sich nach dem Geschmack des betreffenden Landes.

Bunte Bilder in Vierfarbendruck sind für Kataloge im allgemeinen zu teuer und insbesondere bei Maschinenanlagen, von wenigen Ausnahmen abgesehen, auch ziemlich zwecklos. Bei Drucksachen, die für das Ausland bestimmt sind, kann noch die Frage des HÖHEREN ZOLLES bei mehrfarbigem Druck eine Rolle spielen.

Wenn die vorhandenen Papier-Lagersorten dem Format nach für eine Drucksache nicht passen, so daß viel Abfall entstehen würde, kann eine Sonderanfertigung zweckmäßig sein, da hierdurch der unnötige Abfall vermieden wird. Eine solche Anfertigung lohnt sich aber nur bei großen Mengen. Sie ist besonders dann zu empfehlen, wenn eine Firma regelmäßige Mitteilungen herausgibt und diese nach dem Format sowie nach Güte und Färbung des Papieres eigenartig zu gestalten wünscht. Man sei jedoch bei der Bestellung vorsichtig und gebe der Fabrik genau den Zweck an, dem das Papier dienen soll, da man sonst leicht Enttäuschungen erlebt.

Schließlich sei daran erinnert, daß vor Herstellung einer Drucksache niemals vergessen werden darf, festzustellen, ob DAS GEWICHT innerhalb der erforderlichen oder wünschenswerten Grenzen bleibt. Es kann sonst leicht vorkommen, daß irgendeine für die Bemessung des Portos, der Beilagengebühr oder dergleichen maßgebende Grenze gerade eben überschritten wird, während dies durch Wahl eines leichteren Papiers unschwer hätte vermieden werden können. Bei Katalogen darf das Gewicht der Umhüllung nicht vergessen werden.

---

[1]) Vgl. Abschnitt II S. 32.

Schlagwortanzeige mit Unterstützung durch Bild. Wirkung wird namentlich erhöht durch unsymmetrische Anordnung von Firmenzeichen. (Text auf S. 42.)

C. PLAKATE

Während bei andern Arten der Werbung noch bis zu einem gewissen Grad damit gerechnet werden kann, daß das Publikum selbst die Reklame aufsucht, z. B. beim Durchblättern des Anzeigenteiles einer technischen Zeitschrift, beim Öffnen der Briefe usw., soll das Plakat denjenigen packen, der ganz zufällig vorübergeht und in seinen Gedanken auf ganz andere Dinge eingestellt ist. Es muß demnach eine ganz besondere Anziehungskraft haben, und der Entwurf ist also für die Wirkung noch bedeutend wichtiger als bei einer Anzeige. Da außerdem die Kosten für Herstellung und Platzmiete ziemlich hoch sind, so sollte man bei der Herstellung des Entwurfes und der Ausführung des Plakates nicht sparen, sondern lieber, wenn das erforderliche Geld nicht zur Verfügung steht, von dieser Art der Werbung überhaupt absehen.

Im allgemeinen sind die in Abschnitt I erörterten Grundsätze für den Entwurf des Plakates maßgebend, doch ist es erforderlich, gewisse Gesichtspunkte noch besonders hervorzuheben.

Soll das Plakat eine starke Wirkung ausüben, so gehört dazu eine GROSSE FLÄCHE. Diese aber kommt wiederum nur dann voll zur Geltung, wenn sie in ihrer Gesamtheit wirkt. Deshalb muß man von einem Plakatentwurf in allererster Linie und noch viel mehr als bei anderen für Werbezwecke bestimmten Entwürfen strengste Geschlossenheit verlangen. Bedenklich sind von vornherein Schwarz-Weiß-Zeichnungen, weil bei den großen Abmessungen des Plakates das Auge die durch die harten Kontraste auseinander gerissenen Teile nicht mehr zusammenfügen kann, wie es bei einer guten Inseratzeichnung immer noch leichter der Fall ist. Ein solches Plakat muß also als Fläche auseinanderfallen und wird, auch bei sonst vortrefflicher Ausführung, nicht dasjenige sein, das unter verschiedenen gleich großen Plakaten zuerst das Auge auf sich zwingt. Bedingung ist demnach zunächst ein in ruhigen, zusammenhängenden Tönen gehaltener Entwurf für die ganze Fläche des Plakates. Innerhalb dieser Fläche kann und muß sich einzelnes lebhaft hervorheben, aber ohne aus der Stimmung des Ganzen herauszufallen.

Es ist daher nicht wohl möglich, durch Darstellungen mit perspektivischer Tiefe Plakatwirkung zu erreichen, weil der Gegensatz zwischen dem kräftigen Vordergrund und dem zarten Hintergrund das Bild zerreißt. Die Darstellung muß streng FLÄCHENHAFT sein, gleichgültig, ob dabei ein gewisses Stilisieren erforderlich ist und die Realistik der Wiedergabe leidet. Beim Plakat muß eben alles der Gesamtwirkung untergeordnet werden.

Diese Überlegungen sind natürlich nicht allein bei der künstlerischen Ausführung, sondern bereits bei der Auswahl des Motivs zu beachten. Recht gut läßt sich das an Hand des Bleichertschen Plakates S. 139 erklären. Drahtseilbahnen bieten infolge ihrer Verbindung mit der Landschaft und wegen ihres eleganten Baues, der das technisch Merkwürdige augenfällig hervortreten läßt, eine außerordentliche Menge von Motiven für künstlerische Verwertung.

Beim Entwurf des Plakates wurde naturgemäß zunächst versucht, ein Motiv zu benutzen, das eine vom Vordergrund aus tief ins Land hineinführende Drahtseilbahn mit einer mächtigen Spannweite zeigte und somit das ganze Wesen und den Zweck einer Drahtseilbahn klar vor Augen führte. Alle derartigen Versuche, die eine starke Perspektive und daher große Unterschiede in der Tiefe des Farbtones verlangten, mißlangen aber gänzlich, da die Geschlossenheit der Darstellung fehlte. Als weit überlegen erwies sich der Bernhardsche Entwurf, der auf einem in bläulichen Tönen gehaltenen, ganz flächenhaften Landschaftshintergrund einen einzigen Seilbahnwagen sich abheben läßt, der sich nicht in die Landschaft hinein, sondern angenähert parallel zur Bildfläche bewegt, so daß von den Seilen nur kurze Stücke zu sehen sind. Die Schrift, die dunkelblau ausgeführt ist, bildet einen kräftigen unteren Abschluß, ohne infolge ihrer ruhigen Wirkung die Einheitlichkeit des Ganzen zu zerstören.

Mit dieser einfachen Darstellung hat man zwar den Zweck, zu belehren, zum Teil aufgegeben. Es ist nur ein besonders wichtiges Element herausgegriffen, dieses aber durch die Geschicklichkeit der Darstellung so zur Wirkung gebracht, daß dem Beschauer, der schon einmal von Drahtseilbahnen gehört hat, die Erinnerung lebhaft wiederkommt und er sich dieses Beförderungsmittel auch als Ganzes, in seiner Eigenart und Zweckbestimmung, deutlich vorstellen wird.

Hierin liegt einer der wichtigsten Kunstgriffe des Plakatzeichners, daß er aus dem, was dargestellt werden soll, einen Teil herausgreift, der charakteristisch genug ist, um sofort das Bild des Ganzen wachzurufen. Ein solches Plakat wirkt wuchtig, weil die Darstellung sich nicht zersplittert, und verblüfft durch seine Originalität. Es gehört aber dazu, daß der Künstler den Gegenstand genau kennt und sich in seine Eigenart voll hineingedacht hat, eine Schwierigkeit, die namentlich bei Maschinenplakaten schwer zu überwinden ist.

In ganz vortrefflicher Weise ist dieser Grundsatz bei dem Klingerschen Plakat, S. 113, angewandt worden. Das Steuerrad mit den Händen daran verkörpert das fahrende Auto in einer Weise, wie es keine Gesamtdarstellung besser vermöchte. Der Entwurf wirkt ungemein erfrischend und eigenartig. Man könnte in ähnlicher Weise etwa den Kreuzkopf einer Dampfmaschine als Motiv benutzen. Doch muß zugegeben werden, daß es bei solchen Gegenständen sehr schwierig ist, dem Bilde Leben zu verleihen, wie es in Abb. S. 113 durch die Hände des Führers geschieht. Verhältnismäßig leicht lösbar ist die Aufgabe noch bei Werkzeugen, die vom Arbeiter benutzt werden, so bei dem Bohrapparat auf S. 121. Vielleicht hätte der beleibte Herr, der im Hintergrund zusieht, ruhig wegbleiben können, das Plakat hätte dann technisch ernsthafter gewirkt und in bezug auf den Gesamteindruck nicht gelitten. Vorzüglich kommt der Begriff „Arbeitstempo“ zum Ausdruck.

Abb. S. 122 ist ein charakteristisches Beispiel dafür, wie ein Plakat dadurch geschädigt werden kann, daß man die Einheitlichkeit der Darstellung aufgibt. Die Wirkung des an

Nürnberger Gasmaschinen

Betriebsdiagramm eines doppeltwirkenden Nürnberger Gasgebläses von 2000 PSe.

Von den möglichen Betriebsstunden während 19 Monaten war die Gasmaschine 98,3 % in Betrieb. Die 1,7 % Betriebsstillstand waren durch Hochofenreparaturen veranlaßt. Am Schlusse der Betriebszeit war die Maschine voll betriebsfähig und setzte den Betrieb fort

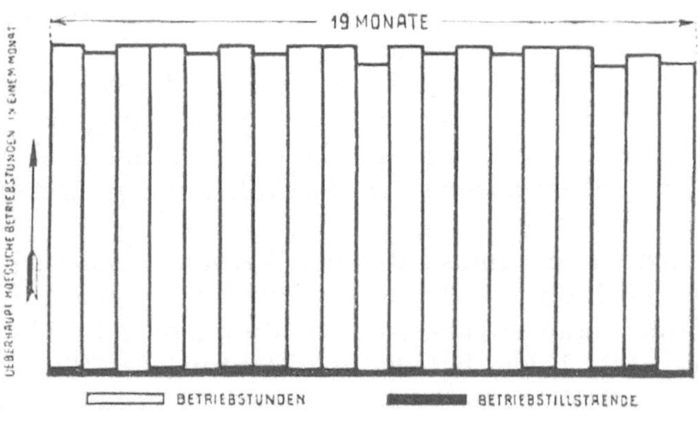

Mitteilung von Betriebsergebnissen durch Diagramm und Text. Musterbeispiel für wirksame Empfehlung durch sachliche Angaben. (Text auf S. 43.)

und für sich kräftigen und gelungenen Entwurfes würde weit besser sein, wenn die unten dargestellten kleinen Maschinchen weggeblieben wären. Das wird schon klar, wenn man den unteren Teil des Bildes mit der Hand zudeckt. Der Wunsch, auf dem teuren Plakat recht viel zu zeigen, ist ja sehr verständlich, indessen muß der Fabrikant sich hier notgedrungen beschränken. Es hätte nichts geschadet, wenn auf die übrigen Erzeugnisse der Firma nur mit Worten hingewiesen wäre.

Aus allem, was hier gesagt ist, geht hervor, daß Plakate sich zu Belehrungszwecken nicht oder doch nur in sehr beschränktem Maße eignen, sondern in der Hauptsache nur dazu dienen können, den Namen der Firma in Verbindung mit dem Erzeugnis einzuprägen.

Mit Plakaten, die nicht nach den oben entwickelten Grundsätzen hergestellt sind, lassen sich nur dann Erfolge erzielen, wenn das Plakat an Orten aufgehängt wird, wo fast ausschließlich für das Erzeugnis in Frage kommendes Publikum verkehrt. Bei Plakaten, die zur Empfehlung landwirtschaftlicher Maschinen dienen und in Dorfgasthöfen oder auf kleinen Bahnstationen aufgehängt werden sollen, können demnach die Anforderungen etwas anders gestellt werden. Auch hübsch aufgezogene und eingerahmte große Photographien dürfen in Fällen, wo ein Übersehen nicht gut möglich ist, an die Stelle eigentlicher Plakate treten.

Falls ein Plakat in mehreren Sprachen hergestellt werden soll, ist die Regel zu beachten, daß die Schrift dunkel aufgedruckt, nicht hell in einem dunklen Hintergrund ausgespart wird, da im letzteren Falle der Wechsel der Schrift Schwierigkeiten machen würde.

Als Druckverfahren kommt vorzugsweise Steindruck oder auch Linoleumdruck in Frage. Beide eignen sich ja besonders für flächenhafte Darstellungen und lassen die Verwendung beliebiger Farben zu.

D. AUFSÄTZE IN ZEITSCHRIFTEN UND VORTRÄGE

1. AUFSÄTZE

Der Zweck, zu BELEHREN, läßt sich am besten mit den Hilfsmitteln erreichen, die auch sonst der Öffentlichkeit die Bekanntschaft mit neuen Errungenschaften der Technik vermitteln, namentlich also durch Aufsätze in Fachzeitschriften, allgemein belehrenden oder unterhaltenden Blättern und Tageszeitungen.

Von seiten der Zeitungsverleger wird gegen diese Art der Werbung häufig angekämpft, weil man der Ansicht ist, daß die Industrie sich damit die Aufgabe von Anzeigen ersparen will. Es ist dies eine geschäftliche Frage, auf die hier nicht näher eingegangen werden soll. Die Fachzeitschriften sind im allgemeinen der Aufnahme guter Aufsätze aus der Praxis nicht abgeneigt.

In der Tat ist es nicht nur ein gutes Mittel der Werbung, sondern geradezu die Erfüllung einer Pflicht, wenn die Industrie durch die Zeitschriften über das, was sie Neues geschaffen hat, berichtet. Voraussetzung ist selbstverständlich Sachlichkeit und Objektivität der Darstellung. Über beides hat die Schriftleitung des Blattes zu wachen, und es steht ihr frei, soweit sie nicht selbst ein Urteil hat, einen sachverständigen Mitarbeiter zu Rate zu ziehen oder für solche Behauptungen des eingesandten Aufsatzes, deren Richtigkeit nicht bewiesen ist, einwandfreie Belege irgendwelcher Art zu fordern. Viele Beiträge leitender Persönlichkeiten privater Werke gehören zu den wertvollsten wissenschaftlichen Darbietungen, die in unseren großen technischen Zeitschriften erschienen sind, auch wenn sie offensichtlich Werbezwecke mit verfolgten.

Zuweilen wird auch der Weg gewählt, daß die Firma die technischen Unterlagen für einen Aufsatz der Schriftleitung einer Zeitschrift zur Verfügung stellt und ihr überläßt,

RAFF-PUMPEN

in Wasserwerks-Anlagen

ist der Titel unserer neuerschienenen, 32 Seiten starken Druckschrift, die an Behörden und industrielle Werke auf Wunsch frei versandt wird.

Inhalt:

Seite 1–3. Allgemeine Grundsätze für die Wahl von Pumpen für Wasserwerksanlagen.

Seite 4–10. Die besonderen Eigenschaften der Raff-Pumpen. Darstellung baulicher Einzelheiten.

Seite 11–32. Beschreibung ausgeführter Anlagen mit Zeichnungen und Abbildungen, unter Anführung von Betriebsergebnissen.

D. R. P. 819000

Pumpenfabrik Fritz Raff, G. m. b. H.
Berlin N 35
Schweinfurther Str. 87 (nahe Untergrundbahnhof Beuthplatz)

Vertreter für Rheinland-Westfalen: Friedrich Rauhfuß, Düsseldorf, Hochstr. 27 · Fernruf 237

Entwurf einer Anzeige mit Angaben über eine erschienene Werbedruckschrift. (Text auf S. 45.)

sie an einen Mitarbeiter zur Verwertung weiterzugeben, oder daß sie mit ihr bekannten Persönlichkeiten, die schriftstellerisch tätig sind, unmittelbar in Verbindung tritt. Ein solches Vorgehen ist vom Standpunkt des allgemeinen Interesses ebenfalls durchaus zu begrüßen. Die Arbeit, die für sachlich gute Veröffentlichungen in der einen oder anderen Form aufgewandt werden muß, ist so erheblich, daß die durch die Verbreitung ausgeübte Reklame nur eine angemessene Gegenleistung seitens der Zeitschrift darstellt.

Sehr zu bedauern ist es allerdings, wenn dieses Veröffentlichungsverfahren dahin ausartet, daß eine Zeitschrift Aufsätze gegen Bezahlung oder gegen Aufgabe von Anzeigen aufnimmt. Wenn derartige Zumutungen an eine industrielle Firma gestellt werden, so sollte sie lieber von vornherein auf den Abdruck des Aufsatzes verzichten, da aus einem solchen Vorgehen ziemlich sicher auf die Bedeutung der Zeitschrift und die Stellung, die sie in Fachkreisen einnimmt, geschlossen werden darf. Ebenso muß es natürlich streng verurteilt werden, wenn eine Firma Aufsätze mit unwahren oder übertriebenen Angaben durch dieses oder jenes Mittel in die Zeitschrift zu bringen sucht. Jede Verquickung von Redaktionsarbeit und Anzeigenwerbung zieht den Stand unseres gesamten Zeitschriftenwesens herunter, so daß nicht dringend genug davor gewarnt werden kann.

Die Technisch-Wissenschaftliche Lehrmittelzentrale verarbeitet die von den Firmen zur Verfügung gestellten Unterlagen zu kurzen Referaten, die in Form wissenschaftlicher Blätter (TWL-Textblätter) herausgegeben und u. a. an den technischen Lehranstalten verbreitet werden (vgl. die Einleitung).

Viele Firmen des Maschinenbaues scheuen sich sehr davor, Mitteilungen über Einzelheiten ihrer Konstruktionen in die Öffentlichkeit gelangen zu lassen, weil sie fürchten, daß der Wettbewerb daraus Nutzen zieht. Bis zu einem gewissen Grade ist das berechtigt; es kann nicht immer empfohlen werden, soche Dinge ausführlich mitzuteilen, auf denen die Überlegenheit eines Erzeugnisses beruht. Auch der Schutz durch Patente ist selten so umfassender Natur, daß es nicht möglich wäre, eine Konstruktion, wenn man sie erst einmal ihrem ganzen Wesen nach genau kennt, zu umgehen. Man prüfe aber genau, ob ein Geheimhalten tatsächlich möglich ist, und ob nicht die Überlegenheit in der Fabrikation und der Organisation des Werkes den eigentlichen Schutz gibt. Wenn das, was dem Wettbewerb aus Gründen der Selbsterhaltung unbedingt verschwiegen werden muß, abgezogen ist, pflegt immer noch sehr viel zu bleiben, was der großen Mehrzahl der Leser neu ist und sie interessiert. Es gehört eine gewisse Geschicklichkeit dazu, um dem Aufsatz unter Berücksichtigung der geschäftlichen Sonderinteressen doch noch einen reichen Inhalt zu geben und ihn nicht zum Wortgeklapper heruntersinken zu lassen. Besser als Einzelkonstruktionen pflegen sich Beschreibungen bemerkenswerter Gesamtanlagen zu eignen, da die hier zu erörternden wichtigen Gesichtspunkte für die Ausführung hauptsächlich in der Eigenart des fremden Betriebes begründet sind. Natürlich gilt es, sich zu vergewissern, ob nicht den Interessen des Kunden durch die Veröffentlichung Abbruch getan wird. Derartige Aufsätze passen übrigens weniger in allgemeine technische Blätter, als in Zeitschriften aus dem Sondergebiete derjenigen Industrien, für welche die Anlage geliefert ist, und sie werden hier auch mit mehr Sicherheit den richtigen Leserkreis erreichen.

Abhandlungen über die Frage, für welche Zwecke und unter welchen Verhältnissen irgendeine Maschinengattung sich vorteilhaft anwenden läßt, können dem Wettbewerb sehr nützliche Winke für seine eigene Propaganda geben und sind daher nicht UNBEDINGT zu empfehlen, obwohl sie in Verbraucherkreisen oft sehr aufklärend und belehrend wirken können und daher nicht nur an sich ein vorzügliches Werbemittel darstellen, sondern auch im allgemeinen Interesse zu begrüßen sind.

Text-Anzeige mit Unterstützung durch Bild. Wirksam in der Gesamtwirkung und wertvoll durch sachliche Belehrung (Betriebsanweisung). (Text auf S. 46.)

2. VORTRÄGE

Vorträge haben im großen und ganzen denselben Zweck und Inhalt wie Aufsätze in Zeitschriften. Sie wenden sich zwar zunächst nur an einen kleineren Zuhörerkreis, gelangen jedoch, da sie in der Regel in Zeitschriften abgedruckt werden, weiterhin auch zu größerer Verbreitung. Die Wirkung des Vortrages — vorausgesetzt, daß er nach Inhalt, Form und Redeweise gut ist — übertrifft die eines Aufsatzes um ein Vielfaches. Das gesprochene Wort lebt; es überzeugt daher nicht nur im Augenblick ganz anders als das, was man liest, sondern bringt auch weit stärkere dauernde Wirkung hervor. Schlechte Vorträge sollten aber lieber ungehalten bleiben. Es ist keine Empfehlung, wenn die Zuhörerschaft eine oder gar zwei Stunden gelangweilt wird.

An einen Vortrag sind daher zunächst inhaltlich noch höhere Ansprüche zu stellen als an einen Aufsatz. Jeder Zuhörer stellt an den Redner, der ihn für eine gewisse Zeit mit Beschlag belegt, unwillkürlich die Forderung, daß er ihn so lange wirklich interessiert und unterhält, und ist enttäuscht, wenn er mit bekannten Dingen abgespeist wird oder Sachen zu hören bekommt, die er nicht versteht. Vor allen Dingen ist also zu prüfen, welche Vorkenntnisse bei dem Publikum vorausgesetzt werden dürfen. In Fällen, wo dies zweifelhaft ist und zur Sicherheit gewisse, vielleicht einem Teil der Zuhörer schon bekannte Dinge vorgetragen werden, suche man den betreffenden Teil des Vortrages kurz zu fassen und ihn vielleicht durch Heranziehung neuartiger Beispiele allgemein interessant zu gestalten. Der Vortrag soll inhaltlich ein geschlossenes Ganze darstellen. Er muß im Zuhörer das Gefühl hinterlassen, daß er etwas Fertiges, Vollkommenes empfangen hat und mit sich nach Hause nimmt. Die einzelnen Teiles des Vortrages sind deshalb klar voneinander zu trennen, so daß die Übersicht gewahrt bleibt. Das ist für schwierige technische Gegenstände von besonderer Wichtigkeit.

Was die äußere Form anlangt, so sei vor allem vor zu großer Länge gewarnt. Wenn der Inhalt nicht außergewöhnlich interessant ist, so darf ein Vortrag ALLERHÖCHSTENS $1^1/_4$ bis $1^1/_2$ Stunden dauern; wenn es gelingt, ohne Überhastung in einer Stunde dasselbe zu sagen, so ist die Wirkung um so besser. In Versammlungen mit einer größeren Anzahl von Vorträgen beschränke man sich auf eine Rededauer von 20 Minuten. Bei mangelnder Erfahrung unterschätzt man stets die zum Vortrag erforderliche Zeit, denn der Redner fühlt, sobald er mit der Versammlung spricht, sofort heraus, daß er viel langsamer sprechen muß, als wenn er eine einzelne Person vor sich hat. Die Wahl des richtigen Tempos der Rede und überhaupt die ganze Vortragsweise sind Dinge, die zum Teil auf natürlicher Veranlagung beruhen, zum großen Teil aber auch gelernt werden können. Erste Bedingung für einen guten Vortrag ist Sicherheit, die allerdings nicht mit Unverfrorenheit im Vorbringen von Gemeinplätzen oder unwahren Behauptungen verwechselt werden darf. Nur ein Redner, der nicht allein sein Thema vollkommen beherrscht, sondern sich auch der Zuhörerschaft gegenüber völlig frei fühlt, kann eine gute Leistung hervorbringen.

Man hüte sich vor einem zu eintönigen Vortrag. Ein vortreffliches Mittel, um die Aufmerksamkeit rege zu erhalten, ist das Einstreuen kleiner Anekdoten, die zum Thema in sachlicher, nicht zufälliger Beziehung stehen. Am besten wirken eigene Erlebnisse, wie überhaupt der Vortrag außerordentlich gewinnt, wenn die Zuhörer das Gefühl haben, daß der Vortragende VON SEINER EIGENEN ARBEIT und seinen eigenen Erfahrungen spricht. Hier zeigt sich am allermeisten, wie notwendig es ist, daß der Reklameleiter sich am ganzen geschäftlichen Leben beteiligt und in möglichst vielseitiger Weise mitarbeitet[1]).

[1]) Vgl. S. 4 und 98.

HA°

ist die Typenbezeichnung unseres neuen

HALBAUTOMATEN

*

Seine Vorzüge und besonderen Kennzeichen sind:

1. Bett und Spindelkasten sind aus einem Stück gegossen, um ein erschütterungsfreies und genaues Arbeiten zu ermöglichen. Der Revolverschlitten und die beiden Quersupporte sind in der Längsrichtung verstellbar, um größere und breitere Werkstücke leichter bearbeiten zu können.
2. Der Unterkasten ist zwischen den und seitlich der Quersupporte durchbrochen, so daß die Späne in den als Späneraum ausgebildeten unteren Teil fallen können, aus welchem sie leicht entfernbar sind.
3. Die Drehspindel, welche an den Lagerstellen und der Spindelnase gehärtet und vollständig geschliffen ist, hat drei während des Ganges selbsttätig umschaltbare Geschwindigkeiten, die durch einfaches Umlegen eines Handhebels viermal verändert werden können.
4. Für jede Spindelgeschwindigkeit sind drei verschiedene Vorschübe selbsttätig einschaltbar. Zwei davon sind ebenfalls durch Umlegen eines Handhebels viermal veränderlich, während der schnelle Rückgang auch bei der kleinsten Spindelgeschwindigkeit gleich schnell bleibt.
5. Die Quersupporte sind geteilt ausgeführt. Sie sind aber auch, jeder für sich, in der Längsrichtung des Bettes verstellbar, wodurch eine außerordentlich große Verwendungs- und Anpassungsmöglichkeit erreicht wird.
6. Einscheibenantrieb.

*

Leipziger Werkzeug-Maschinenfabrik
vorm. W. von Pittler, Aktiengesellschaft
Wahren-Leipzig

Sachliche Darstellung der Eigenschaften des Fabrikates in der Anzeige. (Text auf S. 46.)

Der Vortrag muß den Eindruck der Frische und Lebendigkeit machen. Wenn irgend möglich, spreche man frei. Ich habe manche Vorträge gehört, die geschrieben wenig wert gewesen wären, denen auch die rednerische Abrundung mangelte, die aber durch die Wärme der Überzeugung, die aus ihnen herausklang, und das Temperament des Redners starke Wirkung erzielten.

Vorträge technischer Art werden fast immer mit LICHTBILDERN ausgestattet. Für die Diapositive war bisher die Größe 9 × 12 cm, hoch oder quer, am meisten üblich, und fast überall stehen für dieses Format geeignete Projektionsapparate zur Verfügung[1]). Es empfiehlt sich aber, den Apparat vor Beginn der Versammlung auszuprobieren, da

Gelungene Vereinigung einer größeren Anzahl von bildlichen Darstellungen in einer einzigen Anzeige. (Text auf S. 50.)

es hier und da vorkommt, daß er für ein kleineres Format eingestellt ist, so daß die Lichtbilder der Höhe oder Breite nach über die Leinwand hinausfallen würden. Die Bilder müssen richtig geordnet sein und irgend ein Zeichen tragen, das dem Mann, der den Apparat bedient, deutlich anzeigt, wie das Bild gestellt werden soll; man kann z. B.

[1]) Vom Normenausschuß der Deutschen Industrie ist neuerdings die Größe 85 × 100 mm als Normalgröße festgesetzt und auch von der „Technisch-Wissenschaftlichen Lehrmittelzentrale“ angenommen worden. Das Diapositiv soll stets in der Querlage verwendet und die Bildfläche nur innerhalb eines Kreises von 105 mm Durchmesser ausgenutzt werden. Auf der vorderen (Schicht-) Seite des Diapositivs ist unten ein weißer Papierstreifen haltbar aufzukleben, auf dem Erzeugerfirma, Aufschrift und Nummer des Bildes anzubringen sind. Bei der Einführung des Diapositives in den Bildhalter muß der Papierstreifen dem Schirm zugewendet sein. Für sonstige Beschriftung ist farbiges Papier zu verwenden.

Anzeige mit einfachem, gut gesetztem Text, innerhalb der üblichen Anzeigen stark hervortretend. (Text auf S. 46.)

ein kleines Stückchen weißes Papier in der oberen rechten Ecke auf der nach dem Mann hin gerichteten Seite des Bildes anbringen. Nichts wirkt störender, als wenn der Redner während des Vortrages Anweisungen über die Stellung der Bilder geben muß. Man achte darauf, daß die Bilder sich nicht an einzelnen Stellen des Vortrages zu sehr drängen, da sonst die Bedienung nicht nachkommt und unliebsame Pausen im Vortrag entstehen. Dem Publikum muß für die Betrachtung eines Bildes immer eine gewisse Zeit gelassen werden. Die Bilder, nachdem der Vortrag erledigt ist, am Schluß zusammen vorzuführen, ist aus diesem Grunde nicht zu empfehlen, falls nicht längere interessante Erläuterungen dazu gegeben werden.

Gleichmäßig über den Vortrag verteilte Bilder erleichtern sehr das freie Sprechen, weil sie es ermöglichen, den Faden wieder anzuknüpfen, wenn er einmal gerissen sein sollte. Unter keinen Umständen darf der Vortrag aber zu einer Beschreibung der Bilder heruntersinken! Sätze wie: „Ich komme nun zum nächsten Bild" sind unbedingt zu vermeiden.

Farbige Lichtbilder, wenn sie auch nur hin und wieder eingestreut vorkommen, sind als Abwechslung immer erwünscht. Aufnahmen in Naturfarben pflegen nicht genug Licht durchzulassen und daher nur für sehr lichtstarke Apparate brauchbar zu sein. Beim Bemalen der Diapositive, das an und für sich nicht schwierig ist, gehe man vorsichtig zu Wege und hüte sich vor Kleckserei. Unter dem Einfluß des starken Lichtes wirken die Farben auf der Leinwand stets lebhafter als im Original, so daß zarte Färbung genügt.

Zeichnungen müssen, ebenso wie zur Herstellung von Klischees, meistens für den Zweck besonders angefertigt werden, da bei gewöhnlichen Konstruktionszeichnungen die Striche zu dünn sind.

Die Linien sollten immer weiß auf schwarzem Grunde stehen, weil der Beschauer sonst durch die helle Bildfläche geblendet wird, und weil es dabei möglich ist, Teile der Zeichnung farbig hervorzuheben, was namentlich das Verständnis graphischer Darstellungen allgemein erleichtert. Die von Dr.-Ing. Lasche, Berlin, aufgestellten „Leitsätze für Vortragswesen und Lehrmittel"[1]) sind unbedingt zu beachten.

Es ist bei Vorträgen noch weniger bedenklich, als bei Aufsätzen in Zeitschriften, die Konstruktionseinzelheiten ausführlich zu zeigen, weil eine unmittelbare Entnahme nicht so leicht möglich ist.

Vielfach hat man Versuche mit kinematographischen Vorführungen gemacht, die an und für sich sehr lehrreich sein können. Es ist jedoch außerordentlich schwierig, gute Films herzustellen. Die Aufnahmen sind teuer und enttäuschen oft; jedenfalls gehört sehr viel Übung und technisches Verständnis auf seiten des Aufnehmenden dazu, um etwas Gutes herauszubringen. Manche Bewegungen, wie z. B. das Heben von Lasten mit Kranen, erscheinen bei der Vorführung viel zu langsam, andere wieder zu rasch. Der Photograph muß dies genau wissen und dementsprechend bei der Aufnahme langsamer oder rascher kurbeln. Man sollte nie eine Aufnahme machen, ohne vorher eine oder mehrere Generalproben abgehalten und alles so eingerichtet zu haben, daß es auf dem Bilde möglichst gut wirkt. Häufig müssen nachträglich Stücke aus dem Film herausgeschnitten werden, weil die Vorgänge sich zu langsam vollziehen und die Vorführung daher langweilig wirkt. Wenn nicht besonders günstige Gegenstände vorhanden sind und ein in technischen Aufnahmen sehr erfahrener Operateur zur Verfügung steht, ist von kinematographischen Aufnahmen abzuraten. Für die Aufnahme sehr rasch sich vollziehender Arbeitsvorgänge und ihre Wiedergabe mit bedeutend verringerter Geschwindig-

[1]) Veröffentlicht im „Betrieb" vom 24. Dez. 1921; zusammen mit den von Dr.-Ing. Lasche über die „Technisch-Wissenschaftliche Lehrmittelzentrale" gehaltenen Vorträgen von der „Technisch-Wissenschaftlichen Lehrmittelzentrale", Berlin NW 87, Huttenstr. 12—16, zu beziehen.

keit scheint sich die Ernemannsche Hochfrequenz-Kinematographie (Zeitlupenaufnahmen) hervorragend zu eignen. Vorführungen dieser Art können auf starkes Interesse rechnen.

Für das Abhalten von Vorträgen kommen in erster Linie die regelmäßigen Sitzungen und Jahresversammlungen von Fachvereinen der Abnehmerkreise in Frage. Gute Vorträge werden hier meistens ganz gern angenommen, wenn auch manche Vereine auf Grund unangenehmer Erfahrungen, die sie gemacht haben, von „Reklamevorträgen" nichts

FEUERBRÜCKE D. R. P. u. Auslandspat

mit

Laufgewichten.

Fast kein Verschleiß. — Größere Betriebssicherheit. — Erheblich höherer Nutzeffekt im Dauerbetrieb. — Wesentlich einfachere Bedienung (größere Unabhängigkeit vom Heizerpersonal). — Selbsttätige Schlackenabfuhr. — Zugänglichkeit auch des hinteren Rostendes. — Erhöhung der Rostleistung. — Auch für minderwertige Brennstoffe gut geeignet, die sich mit Abstreifern nicht oder nur schlecht verheizen lassen. — Für alle Arten von Wanderrostfeuerungen. – Wichtigste Verbesserung des Unterwindwanderrostes. — Zeugnisse über siebenjährige Betriebserfahrungen. — Über **2400** Feuerbrücken in Betrieb bzw. Ausführung. — Über **1300** Feuerbrücken nachbestellt.

L. u. C. Steinmüller Gummersbach.

Vorzüglich angeordnete Textanzeige. Text beim Überfliegen des Anzeigenteiles nur als grauer Block wirkend, daher Wirkung des Schlagwortes „Feuerbrücke" nicht störend. Belebung durch unsymmetrische Anordnung. (Text auf S. 47.)

wissen wollen. Grundsätzlich liegt der Fall genau so, wie bei Aufsätzen für Zeitschriften. Jede Darbietung, die fachmännische, sachliche Belehrung enthält, ist zu begrüßen, einerlei, von welcher Seite sie kommt. Man hüte sich aber hier noch mehr als anderswo vor aufdringlicher Reklame, die sehr unangenehm empfunden wird.

Vorträge vor einem geladenen Publikum in einem besonders gemieteten Saal oder im eigenen Werk lassen sich nur ausnahmsweise ermöglichen.

Man bereite den Vortrag unter allen Umständen nach jeder Richtung hin auf das allersorgfältigste vor! Es empfiehlt sich dringend, den Vortrag zunächst vor einem kleinen Kreise — z. B. von Angehörigen des Werkes — zu halten, der freieste Kritik übt.

Vielfach wird es von außerhalb der Firma stehenden Rednern mit Dank begrüßt werden, wenn sie für Vorträge, die das Arbeitsgebiet der Firma behandeln oder streifen, Diapositive zur Verfügung gestellt bekommen; Fühlungnahme mit solchen Persönlichkeiten ist also zu empfehlen[1]).

E. WERBUNG DURCH BRIEFE

Ein Brief, der an eine bestimmte Person gerichtet ist, kann eher darauf rechnen, gelesen und beachtet zu werden, als eine Drucksache, die immer den Eindruck des Unpersönlichen erweckt. Der Adressat fühlt sich meistens verpflichtet, den Brief zu lesen, einerlei was er enthält. Selbstverständlich findet ein Brief diese Beachtung nur, wenn der Empfänger den Eindruck erhält, daß er einen wirklichen Brief vor sich hat und nicht eine Drucksache, die mit einer Nachahmung von Schreibmaschinenschrift hergestellt ist.

Bei großen und wichtigen Kunden lohnt es sich wohl, jedesmal einen individuellen Brief zu diktieren. Einen umfangreicheren Kundenkreis in dieser Weise zu bearbeiten, ist nicht gut möglich, und man muß daher versuchen, einen möglichst persönlich klingenden, aber für alle Adressen geeigneten Entwurf aufzusetzen. Die beste Wirkung wird zweifellos erreicht, wenn dieser Brief dann für jeden Kunden einzeln mit der Schreibmaschine geschrieben wird. Es gibt indessen Verfahren, bei denen die Schreibmaschinenschrift so gut nachgeahmt ist und eine so genaue Übereinstimmung mit der nach vollendetem Druck einzusetzenden Adresse erzielt wird, daß der Laie den Unterschied nicht bemerkt, wenn er die Schriften nicht sorgfältig vergleicht. Für Massenversendungen sind diese Verfahren zu empfehlen, namentlich wenn es sich um längere Briefe handelt, die auf der Schreibmaschine zu viel Zeit in Anspruch nehmen würden. Bei der Bestellung mache man aber bezüglich der Ausführung der Briefe — insbesondere bezüglich Übereinstimmung von Text und Adresse — scharfe Vorschriften und prüfe bei der Abnahme sorgfältig, ob die Bedingungen eingehalten sind. Bei einiger Unvorsichtigkeit in der Herstellung können sonst leicht Abweichungen, durch welche die Wirkung völlig verdorben wird, unterlaufen, so daß die großen Kosten dieser Reklame unnütz aufgewandt werden.

Wegen des hohen Portos kommt Briefreklame für die Bearbeitung eines sehr großen Kundenkreises nur ausnahmsweise in Frage. Nach meinen Erfahrungen ist die Wirkung gegenüber derjenigen einfacher Drucksachen nicht um so viel besser, daß die Ausgabe sich lohnte. Dazu kommt noch, daß es den Empfänger verstimmen kann, wenn er einen persönlichen Brief zu erhalten glaubt und nachher findet, daß es sich um eine Massenreklame handelt.

Das Briefschreiben kann daher in der Hauptsache auf solche Fälle beschränkt werden, wo es darauf ankommt, befreundete Firmen oder Persönlichkeiten für eine neue Sache besonders zu interessieren. Dann müssen die Briefe aber auch einzeln mit der Schreibmaschine geschrieben werden und individuellen Charakter tragen. Belästigungen durch Reklamebriefe sollte man ebenso wie Belästigungen durch überflüssige Besuche vermeiden.

F. AUSSTELLUNGEN

Ausstellungen werden aus mannigfachen Motiven veranstaltet, die hier nicht erörtert werden können. Ob es sich für ein industrielles Werk lohnt, der Beschickung einer be-

[1]) Die „Technisch-Wissenschaftliche Lehrmittelzentrale", Berlin NW 87, Huttenstr. 12—16, wird hier in Zukunft in erster Linie als Vermittlerin dienen.

Bild-Anzeige, bestehend aus einer in den gezeichneten Rahmen eingefügten Photographie.
(Text auf S. 14 und 47.)

stimmten Ausstellung näherzutreten, hängt in erster Linie von dem Charakter und dem Wert des ganzen Unternehmens ab.

Die meisten Ausstellungen, die heute veranstaltet werden, erinnern, wenn man den Vergleich wählen will, mehr an den Anzeigenteil als an den redaktionellen Teil einer Zeitschrift. Selbst die Gliederung nach Fachgruppen, die, wie schon erwähnt, in manchen Zeitschriften eingehalten wird, pflegt nicht streng durchgeführt zu sein; man findet vielmehr oft die verschiedenartigsten Gegenstände beieinander. Daß eine solche Ausstellung ihrem ersten Zweck, dem Publikum Belehrung zu bieten, nicht voll gerecht werden kann,

Künstlerisch fein durchgeführte Bild-Anzeige mit in die Zeichnung eingeschriebenem Text. (Text auf S. 47.)

bedarf keines Beweises, wenigstens nicht für diejenigen, die sich schon auf solchen Ausstellungen zurechtzufinden versucht und viel kostbare Zeit dabei verloren haben.

Die ideale Ausstellung, die der Belehrung dient, sollte überhaupt KEINE PLATZMIETE erheben, sondern für die Firmen, die zur Ausstellung zugelassen sind, müßte dies eine Auszeichnung sein, die mit Geld nicht zu erkaufen ist, entsprechend der Aufnahme einer Beschreibung der Erzeugnisse in den redaktionellen Teil einer hochstehenden Zeitschrift, und die Ausstellungsleitung müßte sich dem Aussteller gegenüber in jeder Beziehung freie Hand vorbehalten.

Will man aber eine Verkaufsausstellung ins Werk setzen, so dürfte man eigentlich KEIN EINTRITTSGELD nehmen.

Als Blickfang stark wirksame Bild-Anzeige (umgezeichnet von Franz A. Peffer). (Text auf S. 48.)

Die Durchschnittsausstellungen, wie wir sie heute gewöhnt sind, stellen ein eigentümliches Mittelding zwischen beiden dar, und das ist der Grund, weshalb der ernsthafte Besucher, der mehr will, als sich ein paar müßige Stunden vertreiben, selten eine Ausstellung voll befriedigt verläßt.

Zugegeben sei, daß die ideale Ausstellung, wie sie oben gekennzeichnet wurde, einstweilen eine Utopie ist. Vielleicht kommen wir später einmal dazu. Heute kann uns aber die Aufstellung dieses Ideales insofern nützlich sein, als sie uns einen Maßstab gibt, um den Wert einer Ausstellung zu beurteilen. Eine streng sachlich geleitete, fachmännisch durchgearbeitete Ausstellung ist für den Aussteller von ungleich höherem Werte, weil er sicher darauf rechnen kann, daß die für ihn wichtigen Kreise in großem Umfange die Ausstellung besuchen und sie eingehend studieren werden. An und für sich ist ja eine gut durchgeführte Ausstellung, weil sie den Gegenstand selbst zeigt und insbesondere bei Maschinen auch die Vorführung im Betriebe ermöglicht, die denkbar beste Quelle der Belehrung. Sinkt die Ausstellung zum Jahrmarkt herunter, so erscheint es sehr fraglich, ob ein Besuch ernsthafter Käufer im notwendigen Umfange zu erwarten ist und daher die mit der Beteiligung immer verbundenen hohen Kosten lohnend angewandt werden.

Mehr als alle anderen Arten der Werbung hat eine Ausstellung repräsentativen Charakter. Bei dem heutigen System glaubt jeder Fabrikant, es mit seiner Würde nicht vereinbaren zu können, wenn er weniger auf die Ausstellung verwendet, als sein Wettbewerber voraussichtlich tun wird, und er bleibt daher lieber der Ausstellung fern, wenn er die Mittel nicht zur Verfügung hat. Das ist sehr bedauerlich, weil dadurch ein einseitiges Bild entsteht.

Je enger das Gebiet ist, das eine Ausstellung umfaßt, um so eher ist auf Auffälligkeit der eigenen Darbietung zu rechnen, und um so mehr kann erwartet werden, daß die Ausstellung den Zweck, zu belehren, wirklich erfüllt. Das Zusammentragen aller neuen Verbesserungen an einer solchen Stelle übt auch auf die Abnehmer einen entsprechend starken Anreiz aus, sich neuzeitlich einzurichten, weit mehr, als wenn sie etwa die Maschinen einzeln durch Kataloge kennenlernen oder vorgeführt bekommen. Ein Industrieller kann sich schwer der Beeinflussung erwehren, wenn er sieht, daß alle maschinellen Einrichtungen, die er besitzt, durch Verbesserungen überholt sind.

Für die Maschinenindustrie sind Fachausstellungen, die nur einen Sonderzweig des Maschinenbaues, diesen aber in der wünschenswerten Vollständigkeit zeigen, durchweg weit wertvoller als allgemeine Ausstellungen, bei denen es vom Zufall abhängt, in welche Nachbarschaft die Ausstellung der einzelnen Firma gerät. Sonder-Fachausstellungen sind eine reiche Quelle wirklicher Belehrung, weil die Möglichkeit besteht, durch Vergleich aller vorhandenen Bauarten die auf dem betreffenden Gebiet gemachten Fortschritte festzustellen. Einer geschickten Ausstellungsleitung wird es daher im allgemeinen ein Leichtes sein, ernsthafte Käuferkreise zum Besuch heranzuziehen. U. a. ist darauf hinzuwirken, daß Versammlungen der Verbände der Abnehmerindustrien zeitlich und örtlich mit der Ausstellung vereinigt werden. Auch Besucher aus dem Auslande können leicht herangezogen werden, wenn die Ausstellung wirklich Neues und Wertvolles bringt. Ein weiterer Vorteil ist, daß die Zeitdauer auf wenige Wochen beschränkt und daher die Kosten niedrig gehalten werden können[1]).

[1]) Recht wirkungsvoll waren z. B. im Jahre 1921 die Automobil-Ausstellung und die Brauerei- und Kellereimaschinen-Ausstellung in Berlin, ferner in den Jahren 1920 bis 1922 die Ausstellungen des Vereines deutscher Werkzeugmaschinenfabriken und einiger anderer Verbände gelegentlich der Leipziger Messe. — Vgl. hierzu auch des Verfassers Aufsatz: „Fachausstellungen im Maschinenbau" (Zeitschrift „Maschinenbau" vom 25. August 1922).

Stilisierte Darstellung eines Arbeitsvorganges. (Text auf S. 18 und 48.)

Als Ausstellungsgegenstand wähle man, wenn möglich, irgend etwas, was sich bewegt, also z. B. Maschinen oder Modelle, die dauernd laufen oder doch im Betriebe vorgeführt werden können, weil hierdurch das Publikum in ganz anderem Maße angezogen wird, als durch stillstehende Gegenstände. Industrielle Firmen können die Herstellung ihrer Erzeugnisse durch Vorführung der in ihrem Betriebe verwendeten Sondermaschinen veranschaulichen. Maschinenfabriken sind in der Lage, ihre Erzeugnisse selbst bei der Arbeit zu zeigen und deren Leistungsfähigkeit nachzuweisen. Der Beschauer bekommt von einer Maschine ein ganz anderes Bild und faßt ein ganz anderes Zutrauen dazu, wenn er sie im Betriebe sieht.

Unter den ausgestellten Gegenständen sollten sich, wenn möglich, solche befinden, die

Ästhetisch sehr gut durchgebildete, stark auffallende Bild-Anzeige.
(Text auf S. 48.)

noch nicht bekannt sind oder wichtige Vervollkommnungen aufweisen, damit der Vertreter der Firma die ernsthaften Besucher festhalten und ihnen etwas Neues sagen kann. Das auf diese Weise erweckte Interesse erstreckt sich dann von selbst auf die Firma und deren Erzeugnisse überhaupt.

Von großen Maschinen, die für eine Ausstellung zu umfangreich sind, wie auch vollständigen Fabrikanlagen, müssen MODELLE hergestellt werden. Es gibt eine Reihe von

Modellfabriken, die recht Gutes leisten und nicht zu teuer arbeiten, so daß es sich nicht empfiehlt, die Modelle im eigenen Werk anzufertigen, falls nicht tüchtige, in solcher Arbeit geübte Mechaniker und besondere Einrichtungen dafür vorhanden sind. Notwendig ist es aber, über die Ausführung der Modelle genaue Vorschriften zu machen und am

Anzeigenzeichnung, eindrucksvoll durch geschickte Darstellung eines Arbeitsvorganges. (C. H. Jucho, Dortmund.) (Text auf S. 48.)

besten vollständige Zeichnungen zu liefern. Eine einfache Verkleinerung des Originals pflegt nicht möglich zu sein.

Auch die Modelle sollten, wenn angängig, betriebsfähig sein. Man gebe sie sehr frühzeitig in Arbeit, um Zeit zum Ausprobieren zu haben, denn es macht oft Schwierigkeiten, ein Modell betriebsicher herzustellen. Es wirkt aber nicht vorteilhaft, wenn das Modell gerade in dem Augenblick, wo es einem Käufer oder einem größeren Publikum vorgeführt werden soll, versagt. Aus diesem Grunde dürfen auch nur erfahrene Modellfabriken herangezogen werden. Für die in voller Größe ausgestellten Maschinen gilt das natürlich noch viel mehr. Wenn hier etwas nicht richtig arbeitet, so sagt sich der Kunde nicht mit Unrecht, daß im normalen Betrieb, wo die Wartung weniger gut ist, jedenfalls noch häufiger Störungen vorkommen werden.

Außer Maschinen und Modellen werden gewöhnlich auch Zeichnungen und Abbildungen ausgestellt. Recht gut wirken drehbare Ständer mit von innen beleuchteten Glasbildern.

Das Personal, das die Interessen der Firma auf der Ausstellung wahrzunehmen hat, muß nicht nur mit den ausgestellten Gegenständen, sondern auch mit den übrigen Erzeugnissen der Firma genau vertraut sein und auf jede Frage Antwort geben können. Es ist zuweilen nicht leicht, einen geeigneten Vertreter zu finden, der monatelang festgehalten und dem übrigen Geschäft entzogen wird, und man sollte sich daher zur Beschickung nicht entschließen, solange nicht feststeht, daß eine geeignete Persönlichkeit unter dem Personal der Firma freigemacht werden kann. Für eine kleinere Ausstellung genügt unter Umständen auch ein gewandter Monteur, der aber sehr eingehend unterrichtet werden und die Preislisten usw. genau kennen muß. Bei Gegenständen, die unmittelbar verkauft werden können, muß selbstverständlich ein Vertreter da sein, der kaufmännische Gewandtheit hat und Abschlüsse machen kann. Nur zu bestimmten Stunden jemand zu senden, ist weniger zu empfehlen. Der Vertreter muß unbedingt Sprachkenntnisse haben.

Bezüglich der Wahl des Platzes und der Gesamtanordnung irgendwelche Regeln zu geben, ist außerordentlich schwierig. Wie bei Anzeigen, so gibt es auch hier „Vorzugsplätze", und ebenso ist hier darauf zu sehen, daß die eigene Ausstellung sich durch Originalität von der Umgebung abhebt. Man meide Plätze, die besonders ungünstig in einem Winkel oder unter einer niedrigen Galerie gelegen sind und wenig Licht bekommen. Im ganzen aber kann man darauf rechnen, daß die ernsthaften Abnehmer die Ausstellung einer bestimmten Gruppe vollständig durchgehen werden, so daß es nicht gerade nötig ist, den Stand gegenüber der Haupteingangstür zu wählen. Die Platzgebühren sind ohnehin schon ziemlich hoch. Die Grundgebühr für 1 qm pflegte vor dem Kriege bei deutschen Ausstellungen mindestens 50 M zu sein; Vorzugsplätze wurden mit 80 M und mehr bezahlt.

Um die Aufmerksamkeit der Besucher auf den eigenen Stand zu lenken, ist, wie gesagt, das beste Mittel die Vorführung von Maschinen und Apparaten im Betriebe, indessen muß dies in solcher Weise geschehen, daß die Eigenart der Bauart und Wirkungsweise hervortritt und die Neugierde rege wird. Im übrigen versuche man, gegebenenfalls unter Beihilfe eines Architekten, der Ausstellung ein originelles und vor allen Dingen lebhaftes Aussehen zu geben. Ein dunkler Stand mit in Reihen aufgestellten schwarzgestrichenen Maschinen lädt nicht zu näherem Studium ein. Auf jeden Fall vermeide man jedoch, ebenso wie bei der übrigen Werbetätigkeit, alle nicht zur Sache gehörigen Firlefanzereien.

Ein eigenes Häuschen zu errichten, kann im allgemeinen nicht empfohlen werden. Die Kosten sind sehr hoch, und viele Besucher, die wenig Zeit haben, beachten die kleinen Sonderbauten überhaupt nicht oder gehen daran vorbei, um die Ausstellungen in den Haupthallen studieren zu können. Sonderbauten kommen also nach meiner Ansicht nur für sehr große Firmen in Frage, denen ganz besonders viel an Repräsentation gelegen ist und die die nötigen Kosten für ein größeres Bauwerk aufwenden können. Gewisse Maschinen, namentlich solche für Bauzwecke, auch Landmaschinen, werden ihrer Natur nach am besten im Freien oder unter leichten Schutzdächern vorgeführt.

Bild-Anzeige mit schematisierter Darstellung eines Kesselsystems. (Umgezeichnet von Franz A. Peffer.)
(Text auf S. 48.)

Es kann zweckmäßig sein, daß mehrere Firmen, die auf verwandten Gebieten arbeiten, ohne eigentlich miteinander in Wettbewerb zu stehen, einen Platz gemeinsam mieten. Dies kommt unter Umständen auch für Fachverbände des Maschinenbaues in Frage, die auf diese Weise innerhalb des Rahmens der Gesamtausstellung eine Sonder-Fachausstellung veranstalten[1]). Ein großer Platz läßt sich leichter vornehm und wirkungsvoll ausstatten, auch sind dafür günstigere Bedingungen von der Ausstellungsleitung zu erhalten. Ob in solchen Fällen ein gemeinsamer Vertreter angestellt werden kann, läßt sich nur von Fall zu Fall entscheiden. Damit nicht nachträglich Meinungsverschiedenheiten entstehen, ist ein genaues Abkommen über die Verteilung des Platzes, die Ausstattung und die Verrechnung der Kosten zu treffen.

Meistens wird für eine Ausstellung eine besondere kleine DRUCKSACHE hergestellt, die

Bild-Anzeige, mit den einfachsten Mitteln durch klare schematische Darstellung des angebotenen Gegenstandes wirkend. (Text auf S. 48.)

billig ist und jedem Besucher zur Verfügung steht. Notwendig ist, daß sich eine solche Drucksache leicht in die Tasche schieben läßt. Sie pflegt kurzen Aufschluß über alle Erzeugnisse der Firma und häufig auch über die Fabrik und deren Umfang zu geben, ist also ein abgekürzter Gesamtkatalog. Da weitaus die meisten dieser Drucksachen von Personen — vielfach auch von Kindern — mitgenommen werden, die an der Sache gar kein Interesse haben und nur aus Neugier und Freude am Sammeln alles einstecken, was ihnen in die Hände fällt, so stelle man diese Broschüre so billig wie möglich her und halte wichtige Drucksachen unter Verschluß oder binde die ausgelegten Exemplare fest. Der Vertreter muß mit einem reichlichen Vorrat an Drucksachen in allen Sprachen versehen sein und damit genau Bescheid wissen, damit er ernsthaften Käufern sofort das

[1]) Auf der Leipziger Messe hat der Verein Deutscher Werkzeugmaschinenfabriken (s. o.) eine ganze Halle belegt.

Richtige überreichen kann. Noch besser ist es, um Eintragung der Namen in eine Liste zu bitten und die gewünschten größeren Drucksachen an die ständige Adresse des Besuchers zu schicken, weil die Sachen sonst leicht auf der Reise liegenbleiben. An Stelle einer kleinen Drucksache kann auch eine Postkarte mit einem hübsch ausgeführten bunten Bild — etwa die Verkleinerung eines guten Plakates — zweckmäßig sein, da sie oft noch eher aufbewahrt wird als eine Drucksache.

Bei der Berechnung der Kosten für eine Ausstellung sind nicht zu vergessen Verpackung, Beförderung, Aufstellung und Versicherung der Ausstellungsgegenstände, sowie Reinigung und Beleuchtung des Standes. Man verfüge rechtzeitig vor Schluß der Aus-

Bild-Anzeige, wirkungsvoll durch die Ruhe und Klarheit der symmetrisch aufgebauten stilisierten Darstellung. (Text auf S. 48.)

stellung über die Rückbeförderung und die weitere Verwendung der Gegenstände. Soweit es sich nicht um marktgängige Artikel handelt, die auf Lager gelegt werden oder bereits verkauft sind, versuche man nach Möglichkeit, die Gegenstände, also insbesondere Modelle und Ausstattungsteile, von vornherein so auszuführen, daß sie sich auf anderen Ausstellungen wieder verwerten lassen. Dann muß aber für einen Raum gesorgt werden, wo die Teile sicher vor Beschädigungen untergebracht werden können, denn es wird sonst sehr leicht im Laufe der Zeit das eine oder andere Stück davon fortgenommen, das sich später nur schwer ersetzen läßt. Modelle lassen sich meistens an einem geeigneten Ort in den Geschäftsräumen oder Empfangszimmern ausstellen, so daß sie gelegentlich Gästen vorgeführt werden können.

Angesichts der großen Kosten, die eine Ausstellung unter allen Umständen macht, versäume man nichts, was dazu dienen kann, Besucher darauf hinzuweisen und zur

Besichtigung des Standes zu veranlassen. Vor allen Dingen bringe man einen auffälligen Vermerk auf den Briefbogen an, unter Angabe der Ausstellungsgegenstände und des Standes; erscheint ein Aufdruck nicht auffällig genug, so kann eine Marke hergestellt und auf die Briefe geklebt werden. Ferner ist in den laufenden Anzeigen, soweit irgend dazu Platz vorhanden ist, auf die Ausstellung der Firma hinzuweisen. Besondere kostspielige Maßnahmen zu treffen, dürfte aber im allgemeinen nicht erforderlich sein. Anzeigen im Ausstellungskatalog oder Führer pflegen, wenn sie an guter Stelle stehen sollen, wie schon oben erwähnt, unverhältnismäßig teuer zu sein.

Einzelne große Firmen haben EIGENE AUSSTELLUNGEN innerhalb des Werkes, in denen sie den Besuchern an Hand von Modellen oder vollständigen Apparaten die Wirkungsweise und Eigenschaften ihrer Erzeugnisse erläutern können. Derartige Einrichtungen sind sehr kostspielig, bilden aber ein ausgezeichnetes Mittel der Werbung, wenn das Werk häufiger von Kunden besucht wird.

G. WERBEGESCHENKE

Bei den üblichen Werbegeschenken wird die Reklame mit irgendeinem Gebrauchsgegenstand verbunden, zu dem Zwecke, sie dem Empfänger bei der Benutzung IMMER WIEDER vor Augen zu führen. Bei jeder anderen Art von Werbung, auch bei sorgfältig ausgeführten Drucksachen, besteht die Wahrscheinlichkeit, daß der Empfänger sie, wenn überhaupt, nur ein einziges Mal ansieht. Somit kann ein Werbegeschenk in sehr vollkommener Weise der Grundforderung der „Wiederholung" gerecht werden.

Dabei ist jedoch nur an solche Geschenke gedacht, die, am Gesamteinkommen und der Lebenshaltung des Empfängers gemessen, verschwindend geringen Wert besitzen. Ein solches Geschenk hat mit Bestechung nichts zu tun, und es erscheint nicht gerechtfertigt, wenn einzelne Firmen ihren Beamten vorschreiben, auch solche kleinen Aufmerksamkeiten, die nichts weiter sind und nichts weiter bezwecken als Reklame, unbedingt abzulehnen. Alles, was darüber hinausgeht, ist selbstverständlich zu verwerfen.

Wenn ein Werbegeschenk seinen Zweck voll erfüllen soll, so muß es im Verhältnis zum Preis einen möglichst hohen Gebrauchswert besitzen. Es sollte also eine originelle Gabe sein, ein Artikel, den man auf dem Markt sonst nicht bekommt, und der gerade in den Kreisen der Empfänger, also z. B. in bestimmten industriellen Kreisen, einem vorhandenen Bedürfnis abhilft. Der Artikel muß bequem und handlich in der Benutzung sein, damit er auch regelmäßig gebraucht wird, und möglichst große Haltbarkeit besitzen. Er muß dem Empfänger regelmäßig in die Hand oder vor die Augen kommen, also entweder in der Tasche getragen werden oder auf dem Schreibtisch seinen Platz haben. Erwünscht ist, daß er in irgendeiner Beziehung zu den Erzeugnissen des Gebers steht. Der Gebrauchswert sinkt jedoch, wenn der Name der Firma, die den Gegenstand schenkt, oder der ihrer Erzeugnisse in aufdringlich sichtbarer Weise darauf angebracht ist. Ein Geschenk darf noch weniger als irgend etwas anderes daran erinnern, daß es eigennützigen Zwecken des Gebenden dient. Es ist nicht nur geschmacklos, sondern auch nachteilig für die Wirkung, den Werbezweck anders als in zurückhaltender und vornehmer Weise zum Ausdruck kommen zu lassen.

Am häufigsten, dementsprechend aber auch nur von mäßigem Werbewert, sind NOTIZBÜCHER und TASCHENKALENDER. Die Reklame läßt sich unschwer im Innern dieser kleinen Bücher anbringen; auf dem Deckel sollte man sie besser fortlassen. Wertvoll können solche Bücher dann sein, wenn sie nicht das in Taschenkalendern allgemein auffindbare Zahlenmaterial, sondern Tafeln und Anweisungen enthalten, die für die Besitzer

Durch die Kraft des einfachen Motivs stark wirkende Bild-Anzeige. Firmenname wird nicht schnell genug erfaßt und mit dem Gegenstand der Darstellung in Verbindung gebracht. (Text auf S. 48.)

von Anlagen der Firma oder für die Industrie, welcher der Empfänger angehört, von Wichtigkeit sind. Sollen diese Bücher Beachtung finden, so müssen sie aber auch eine gute äußere Aufmachung zeigen und sind dann nicht ganz billig.

Von Schreibtischgegenständen sind am beliebtesten BRIEFBESCHWERER, weil sie in jeder beliebigen Form, mit einer Nachbildung des Fabrikates der Firma, ausgeführt

Anzeige mit schematischer Darstellung eines Kesselsystems. Sehr wirksam als Blickfang. (Text auf S. 48.)

werden können. Daran schließen sich Aschenbecher, Tintenfässer, Briefwagen, Schreibunterlagen, Abreißkalender, Umlegekalender und dergleichen.

Recht wirksam sind eingerahmte farbige BILDER AUSGEFÜHRTER ANLAGEN, weil sie nicht nur den Empfänger selbst beeinflussen, sondern, wenn günstig aufgehängt, auch den Personen, die ihn in seinem Arbeitsraume besuchen, auffallen, also plakatähnlich wirken. Es ist jedoch erforderlich, sich vorher zu vergewissern, daß der betreffenden Persönlichkeit das Bild willkommen ist und sie in der richtigen Weise davon Gebrauch machen kann. Solange es sich nur um einzelne Stücke handelt, lassen sich die Bilder als vergrößerte Photographien herstellen und mit Wasserfarben übermalen. Auch einfache, gut ausgeführte und etwas retuschierte Bromsilbervergrößerungen ohne Farben können, wenn das Bild an sich wirkungsvoll ist, als Geschenk dienen. Große farbige Bilder zu drucken, lohnt sich erst bei erheblicher Auflage, die man mit Rücksicht auf den hohen Preis des Rahmens kaum in Frage ziehen wird, wenn die Bilder nicht auch ungerahmt, nach Art von Plakaten, hergestellt und weitergegeben werden.

Ein gern gesehenes und zweckmäßiges Geschenk für diejenigen Werke, denen man größere Anlagen geliefert hat, sind MAPPEN MIT PHOTOGRAPHISCHEN AUFNAHMEN der betreffenden Anlagen. Kann man dahin wirken, daß diese Mappen in einem vielbesuchten Empfangszimmer ausgelegt werden, so haben sie unter Umständen sehr gute Reklamewirkung. Dasselbe gilt für repräsentative Werke, die ebenfalls zu den Werbegeschenken gerechnet werden dürfen. Auch Postkarten, die in Serien zu 8 oder 12 in Umschlägen verteilt

Kettenglied, infolge eigenartiger Form als Anzeigenmotiv geeignet. (Text auf S. 49.)

werden, gehören dahin. Allerdings muß hier etwas Gutes, Eigenartiges geboten werden. Das Publikum wird so sehr mit Postkarten überschwemmt, daß die Wirkung sonst nicht groß ist.

Der ZWECK der Werbegeschenke ist in erster Linie der, den Namen der Firma einzuprägen. Seltener kommt ihnen belehrende Wirkung zu, selbst Modellen nur dann, wenn sie sehr sorgfältig ausgeführt sind, was in den weitaus meisten Fällen zu teuer wird. Wertvoll vom Gesichtspunkt der Belehrung aus sind indessen gebundene Jahrgänge einer wertvollen Werkzeitschrift; in ähnlichem Sinne zu bewerten sind Mappen zum Sammeln der Veröffentlichungen des Werkes oder Karteien nach dem System der Technisch-Wissenschaftlichen Lehrmittelzentrale (s. Einleitung).

Kleine Geschenke, die originell und praktisch ausgeführt sind und in die richtigen Hände gebracht werden, sind ohne Zweifel eines der besten Mittel, um die Erinnerung an die Firma wachzuhalten; diese Reklame ist gegenüber anderen Mitteln zum Einhämmern des Namens insofern höher einzuschätzen, als sie zur Herstellung von Gegenständen von bleibendem Werte Anlaß gibt.

VIERTER ABSCHNITT

DIE PRAKTISCHE DURCHFÜHRUNG DER WERBEARBEIT

A. ORGANISATION DES BÜROS

1. PERSÖNLICHKEIT UND STELLUNG DES REKLAMELEITERS

Wenn hier in der Überschrift das Wort „Büro" gebraucht ist, so darf daraus nicht geschlossen werden, daß die folgenden Auseinandersetzungen nur für solche Firmen in Frage kämen, die sich dank ihrer Größe ein besonderes Reklamebüro mit eigens und ausschließlich dafür angestellten Beamten halten können. Alle Arbeiten, von denen im folgenden die Rede ist, können nebenamtlich von Personen versehen werden, die ihre Hauptbeschäftigung an anderen Stellen des Werkes finden. Auch richtet es sich ganz nach dem Umfange und der sonstigen Organisation des Werkes sowie nach den zufälligerweise vorhandenen besonderen Talenten, wieviele Personen zur Mitarbeit herangezogen werden.

Die Reklame steht in engen Beziehungen zur Kunst, und zwar vor allem zur Literatur und zu den darstellenden Künsten, und sie kann ebensowenig wie diese in ein Schema gepreßt werden. Mehr als für andere Zweige eines Geschäftsbetriebes gilt also für die Reklame die Regel, daß nicht nur der Mensch sich nach der Organisation zu richten hat, sondern auch die Organisation sich jeweils den Menschen anzupassen hat. Dem Reklameleiter muß deshalb die Auswahl geeigneter Hilfskräfte innerhalb und außerhalb des Werkes nach Möglichkeit freigestellt werden, weil er selbst am besten fühlt, an welchen Punkten er schwach ist und der Ergänzung durch andere bedarf.

Schon in Abschnitt I, S. 4, wurde dargelegt, daß der REKLAMELEITER die Erzeugnisse des Werkes und die geschäftlichen Verhältnisse genau kennen muß, und daß überhaupt Ansprüche an ihn zu stellen sind, die ein höheres Gehalt notwendig machen, so daß die meisten Fabriken nur ungern den erforderlichen Betrag zur Verfügung stellen werden. Eine Lösung dieser Schwierigkeit ergibt sich von selbst aus dem Umstande, daß die technischen und allgemein geschäftlichen Kenntnisse, die vor allen Dingen verlangt werden müssen, der ständigen Auffrischung bedürfen, um nicht mit der Zeit verloren zu gehen. Es ist deshalb nicht richtig, dem Leiter der Reklame nur diese Tätigkeit allein zu übertragen, sondern ER MUSS AUCH ANDERWEITIG IN MÖGLICHST VIELSEITIGER WEISE BESCHÄFTIGT WERDEN.

Zur ersten Ausbildung ist unbedingt erforderlich eine längere Tätigkeit in den technischen und kaufmännischen Büros. Diese fortzuführen, wird meistens nicht möglich sein, weil die eigentliche Büroarbeit streng organisiert zu sein pflegt und sich mit anderer Beschäftigung schwer vereinbaren läßt; auch gibt sie dem Reklameleiter eigentlich nicht das, was er braucht. Freierer Art und für den vorliegenden Zweck gleichzeitig sehr viel fruchtbarer ist eine rege Reisetätigkeit zwecks Hereinholung von Aufträgen, in der Maschinenindustrie verbunden mit dem Studium ausgeführter Anlagen. Gerade das letztere wird von vielen Firmen vernachlässigt, obwohl es außerordentlich wichtig wäre, daß die Konstrukteure die Ergebnisse einer Anlage nicht nur bei der Abnahme, sondern auch im dauernden Betriebe der Maschine kennen lernen. Hier klafft infolgedessen ohnehin oft eine Lücke, die geschlossen werden sollte. Für den Reklameleiter, der mit Überzeugung davon sprechen soll, daß die Maschine sich unter verschiedenartigen Verhältnissen be-

Fabrikmarke als Hauptgegenstand der Darstellung (Figur des Wächters aus verschiedenen Arten von Lehren zusammengestellt.) (Text auf S. 49.)

währt, ist es natürlich ganz unerläßlich, recht oft und eingehend mit den Besitzern gelieferter Anlagen zu sprechen. Die in genauen Zahlen ausgedrückten Betriebsergebnisse, die bei solchen Gelegenheiten gesammelt werden können, geben dann auch das allerbeste Material für eine überzeugende, sachliche Reklame ab.

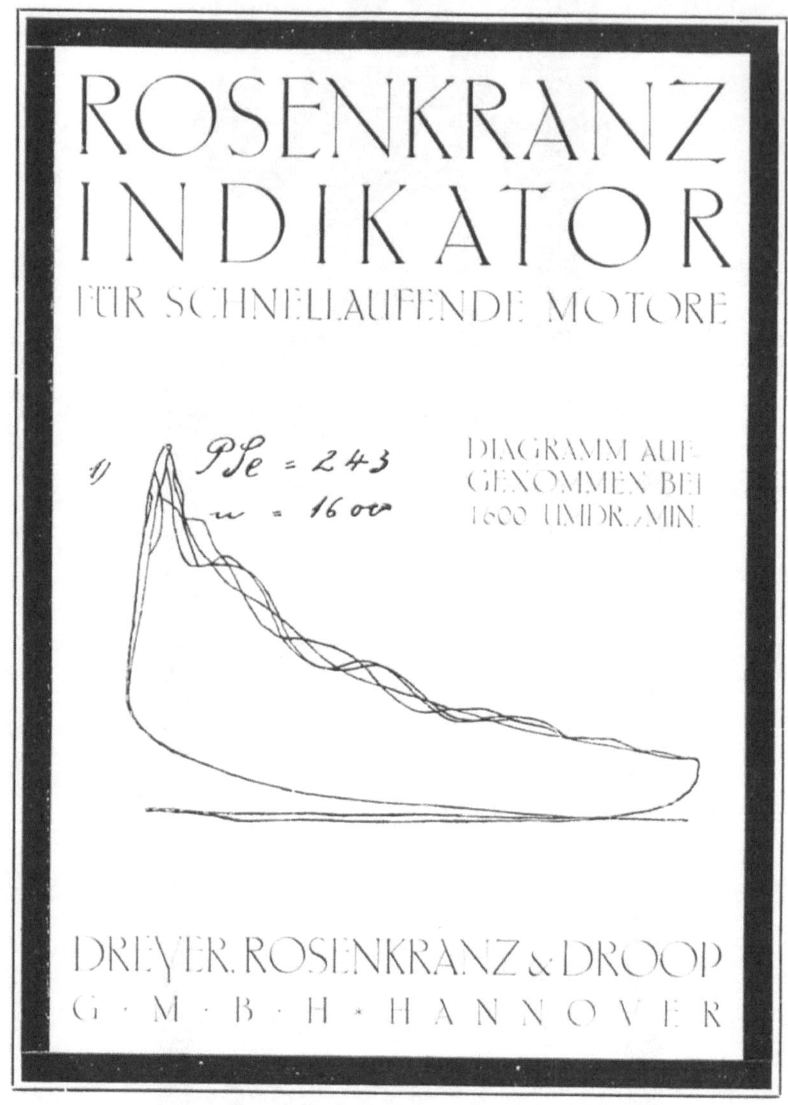

Bild-Anzeige mit Indikator-Diagramm als Hauptgegenstand. Schrift dem leichten Linienzug angepaßt (Entwurf von Franz A. Peffer.) (Text auf S. 49.)

Mit der Reisetätigkeit läßt sich ein häufiger Besuch der Vertretungen zwecks Unterrichtung und Nachprüfung ihrer Tätigkeit verbinden, und auch die Werbung durch Vorträge und dergleichen kann daran angeknüpft werden.

Falls das Arbeitsgebiet der Firma so vielseitig ist, daß ein Mann nicht in allen Zweigen gründliche Kenntnisse besitzen kann, so genügt es, wenn der Reklameleiter nur in einem Sonderfache in der angegebenen Weise tätig mitarbeitet, vorausgesetzt, daß er von den

Direktoren der anderen Abteilungen genügend unterstützt wird und Mittel und Wege zu finden weiß, um sich alle erforderlichen Kenntnisse zu verschaffen. Zweckmäßig wird in den fremden Abteilungen, wenn der Direktor selbst keine Zeit hat, ein Beamter besonders damit beauftragt, die Reklameabteilung über alle neuen Konstruktionen und wichtigen Vorkommnisse auf dem laufenden zu halten.

Ist die Organisation in dieser Hinsicht gut durchgeführt und sind dem Reklameleiter geeignete Hilfskräfte beigegeben, so kann ein einzelner Mann außerordentlich viel leisten und neben der Werbetätigkeit noch andere Arbeiten übernehmen, durch die er in Fühlung mit dem ganzen geschäftlichen Leben bleibt.

Fabrikmarke als Hauptgegenstand einer Bild-Anzeige. (Text auf S. 49.)

Am besten ist es, wenn eine für die Handhabung der Werbung geeignete Persönlichkeit unter den Beamten des Werkes gefunden wird, und zwar kommt hierfür, solange die Kaufleute in der Regel wenig bemüht sind, sich ein mehr als oberflächliches technisches Verständnis anzueignen[1]), nur ein Ingenieur in Frage, der kaufmännisch entsprechend auszubilden ist. Findet sich eine solche Persönlichkeit nicht, so kann ein besonders veranlagter Herr eigens für den Zweck angestellt werden, doch muß dieser eine technische und kaufmännische Ausbildungszeit in dem Werke durchmachen. Solange ein in jeder Beziehung geeigneter Reklameleiter nicht da ist, kann aber auch durch eine geschickte

[1]) Vgl. v. Hanffstengel, Technisches Denken und Schaffen. 3. Aufl. Berlin 1921. Verlag von Julius Springer.

Organisation, welche die vorhandenen Kräfte nutzbar macht und zusammenfaßt, seine Tätigkeit einigermaßen ersetzt werden.

Dazu gehört freilich, daß sowohl die Hauptleitung des Geschäftes wie auch die Vorsteher der einzelnen Abteilungen von dem Werte einer guten Reklame durchdrungen sind und die Mühe nicht scheuen, sich eingehend damit zu beschäftigen, selbst Beschreibungen zu verfassen und nach klaren, überzeugenden Schlagworten für Anzeigen zu suchen. Diese Arbeit kann nur zum geringsten Teil untergeordneten Kräften überlassen werden. Selbstverständlich muß alles an einer Zentralstelle zusammenfließen, welche die mehr mechanischen Arbeiten besorgt. Die Geschäftsleitung muß diese Stelle überwachen und dafür sorgen, daß die verschiedenen Abteilungen in reger Weise mitarbeiten und alle zu ihrem Rechte kommen. Sie muß auch im Einverständnis mit den Abteilungsvorstehern über die Wahl der Mittel und über die aufzuwendenden Beträge verfügen.

Immerhin bildet eine solche Organisation nur einen ungenügenden Ersatz für die Tätigkeit eines einzelnen, ganz auf Reklame eingestellten und dafür besonders begabten Mannes. Sie ist auf die Dauer nur dann zulässig, wenn die Verhältnisse besonders einfach liegen, wenn z. B. nur eng begrenzte Kundenkreise, etwa gewisse Behörden oder einzelne wenige Industriezweige, in Frage kommen.

Alle Kenntnisse können dem Reklameleiter wenig nützen, wenn er nicht Begabung für seine Tätigkeit mitbringt und eine starke persönliche Initiative besitzt. Wenn auch unbedingt dafür einzutreten ist, daß ein fester Reklameplan befolgt wird und nicht auf Grund neuer Ideen bald in dieser, bald in jener Richtung Versuche gemacht werden, so bleibt doch die Notwendigkeit bestehen, die Reklame beständig interessant zu halten, so daß das Publikum neuen Veröffentlichungen mit Spannung entgegensieht, weil es damit rechnen kann, etwas Neues und Bemerkenswertes darin zu finden. Diese Aufgabe bietet sogar in gewisser Hinsicht mehr Schwierigkeiten, wenn man den vorgezeichneten Weg nicht verlassen will, als wenn beliebige neue Mittel herangezogen werden dürfen. Es kommt darauf an, innerhalb des festgelegten Planes, in einem den Kunden vertraut gewordenen Rahmen, das mit den technischen Fortschritten und der sonstigen Entwicklung des Geschäftes sich ergebende Material so zu verwerten, daß immer wieder neue, abwechslungsreiche und interessante Bilder entstehen.

Soll das Reklamebüro seine Aufgabe voll erfüllen können, so darf es nur der obersten Geschäftsleitung unmittelbar untergeben sein und muß den kaufmännischen und technischen Abteilungen unabhängig gegenüberstehen, soweit nicht etwa der Reklameleiter in seiner sonstigen Tätigkeit diese Abteilungen unterstützt und in ihr Gebiet übergreift. Für den Reklameleiter ergibt sich hieraus eine nicht ganz klare und daher auch nicht ganz einfache Stellung, zu deren richtiger Ausfüllung ein hohes Maß von Verträglichkeit und Takt gehört. Dadurch, daß die Beteiligten sehr aufeinander angewiesen sind, wird anderseits ein gewisser Zwang zum regen und freundschaftlichen Zusammenarbeiten ausgeübt.

Das Einkommen des Reklameleiters muß in irgendeiner Weise von den Erfolgen seiner Tätigkeit abhängig gemacht werden. Am richtigsten erscheint es, einen Umsatzanteil festzusetzen, weil die Höhe des Gewinnes nicht unmittelbar durch die Reklame beeinflußt wird. Indessen sind auch Fälle dieser Art denkbar, und es läßt sich daher nur im einzelnen Falle beurteilen, ob etwa eine Gewinnbeteiligung oder eine Beteiligung sowohl am Umsatz wie am Gewinn angemessen ist. Für eine Stellung, die soviel Initiative erfordert, sollte man auf keinen Fall nur ein festes Gehalt auswerfen, denn mag ein Mann auch noch soviel Pflichtgefühl haben, so wird doch seine Schaffensfreudigkeit durch die Aussicht auf Erhöhung des Einkommens ungeheuer belebt. Der festbesoldete Angestellte sieht,

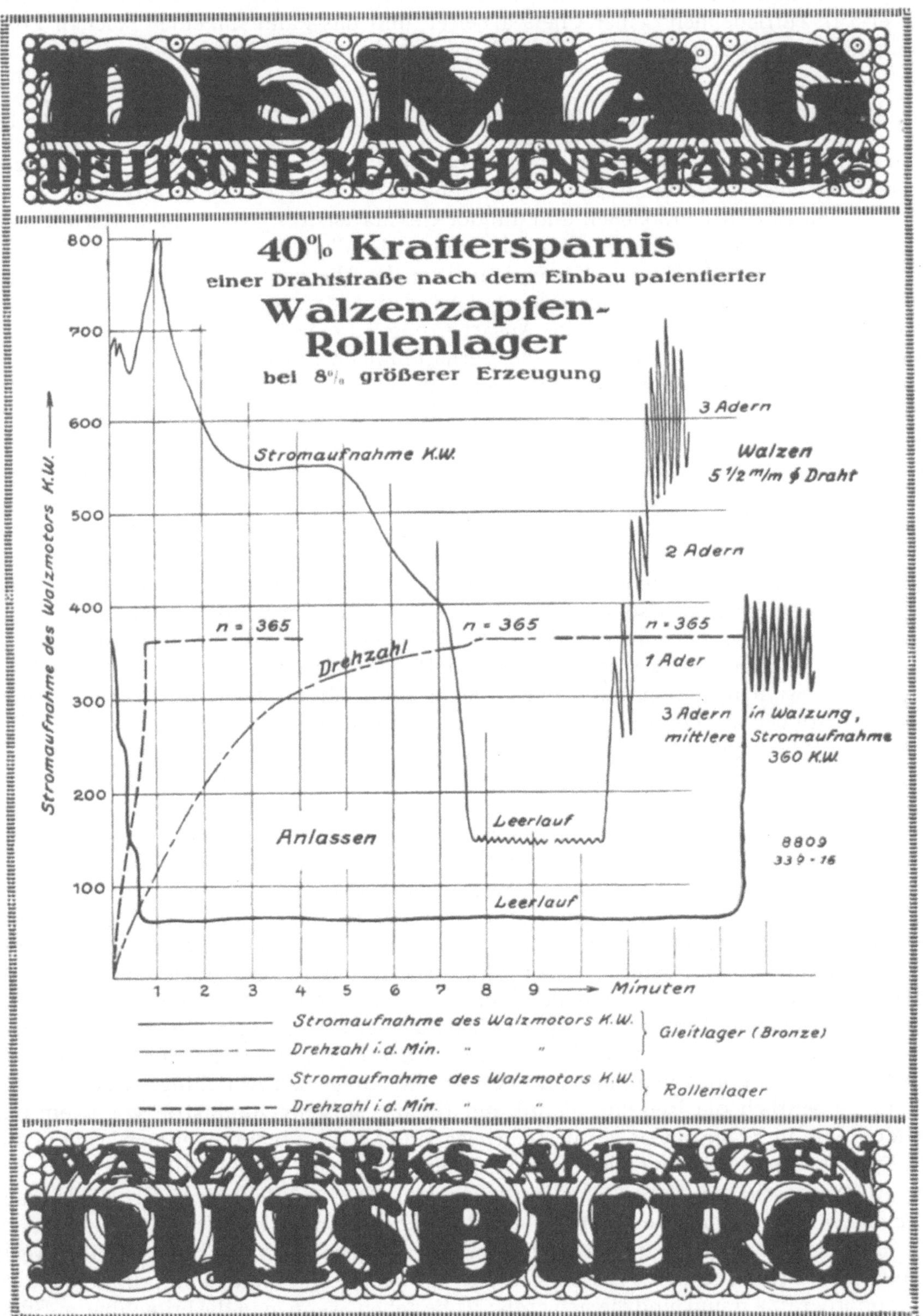

Bild-Anzeige mit sachlich wertvollen Angaben über Betriebsergebnisse. (Text auf S. 24 und 49.)

soweit sein materielles Interesse in Frage kommt, seine Aufgabe zunächst nur darin, daß er zur Zufriedenheit seiner Chefs arbeitet, und das kann für einen solchen Posten eine gefährliche Begrenzung der selbstschöpferischen Tätigkeit bedeuten.

2. BESCHAFFUNG DER UNTERLAGEN FÜR DIE WERBEARBEIT

Zu den Arbeiten, die der Reklameleiter persönlich leisten muß, gehört vor allem die Aufstellung eines REKLAMEPLANES einschließlich des KOSTENVORANSCHLAGES. Er hat hierfür einen Entwurf zu machen und ihn der Geschäftsleitung vorzulegen, die aber, falls es sich um einen größeren Betrieb handelt, auch nicht allein darüber entscheiden, sondern ihn den übrigen maßgebenden Persönlichkeiten des Werkes — Technikern und Kaufleuten — zur Meinungsäußerung vorlegen wird, damit jeder seine Wünsche äußern kann. Ist der Plan genehmigt, so folgt die Ausarbeitung im einzelnen, soweit zur Zeit bereits möglich und erforderlich, vor allem die Verhandlungen mit den Zeitschriften, in denen die Anzeigen geändert oder neue Anzeigen aufgegeben werden sollen, sodann die Ausarbeitung neuer Anzeigenentwürfe und dergleichen. Falls beschlossen ist, irgendein bisher noch nicht benutztes Werbemittel anzuwenden, so sind die in Frage kommenden Lieferer zu ermitteln und von ihnen Angebote einzuholen. Man tue alle erforderlichen Schritte sehr zeitig, denn das Aufsuchen der besten Bezugsquellen für neue Gegenstände, die mit dem Arbeitsgebiet der Firma sonst nichts zu tun haben, kann viel Zeit in Anspruch nehmen.

Bei den Gegenständen, zu denen KÜNSTLERISCHE ENTWÜRFE nötig sind, sehe man sich in dieser Beziehung ganz besonders vor, denn es ist von einem Künstler nicht zu erwarten, daß er sich sofort in ein ihm fremdes Gebiet hineindenkt, und daß ihm von heute auf morgen die richtige Idee kommt. Die besten Plakatentwürfe z. B. sind die Ergebnisse sorgfältiger Studien und sind erst nach wiederholten Mißerfolgen zustande gekommen. Preisausschreiben werden oft enttäuschen, da die bedeutenden Künstler, die mit ihrer laufenden Arbeit gut verdienen, keine Veranlassung haben, sich einer Arbeit zu unterziehen, die möglicherweise oder wahrscheinlich unbezahlt bleiben wird. Daß von einem Anfänger etwas Hervorragendes geleistet wird, kommt aber selten vor, weil zu einem Reklameentwurf eben nicht nur künstlerische Veranlagung, sondern auch viel Erfahrung gehört. Richtiger ist es deshalb, einen oder wenige Künstler aufzufordern und ihnen auch für den Fall, daß der Entwurf nicht gewählt wird, eine Entschädigung zuzusichern.

Die LAUFENDE ARBEIT DES REKLAMELEITERS erstreckt sich weiterhin darauf, alles wichtige Material zusammenzutragen, das sich für die Werbung verwerten läßt. Er muß also, wie schon oben ausgeführt, dafür Sorge tragen, daß er recht viele ausgeführte Anlagen zu sehen bekommt und mit der Kundschaft in Fühlung bleibt. Da der Reklameleiter aber nicht alle Wahrnehmungen selbst machen kann, so ist es notwendig, daß er mit allen wichtigeren Beamten des Werkes Beziehungen unterhält und sie veranlaßt, ihm Mitteilungen und Anregungen zu übermitteln. Außer den Abteilungsleitern kommen hierfür namentlich die Reiseingenieure und für die Maschinenindustrie vor allem auch die Monteure in Frage, da sie am besten Gelegenheit haben, wahrzunehmen, wo günstige Erfolge mit neuen Anlagen erzielt werden. Es empfiehlt sich, daß die Monteure, die wichtige Aufträge erhalten haben, vor ihrer Abreise mit dem Reklameleiter Rücksprache nehmen und seine Wünsche hören. Sehr gute Dienste können die Monteure auch bei der Beschaffung von Photographien leisten, wenn sie genau unterrichtet werden, welche Punkte zu beachten sind. Es finden sich unter ihnen hier und da Leute, die selbst Liebhaberphotographen sind, und die sich große Mühe geben, wenn man die brauchbaren Bilder, die sie mitbringen, angemessen bezahlt. Auch bietet sich den Monteuren oft andere Gelegenheit, sich auf billige Weise Bilder zu verschaffen, die sonst nur durch kostspielige Berufsphotographen zu erhalten sind.

Der Reklameleiter muß also verstehen, im ganzen Geschäft das Interesse für Werbung zu wecken und lebendig zu erhalten und sich selbst Anregungen zu verschaffen. Er kann auf diese Weise am besten seine Fähigkeiten zeigen, denn wenn er es dahin bringt, daß seine Tätigkeit im eigenen Werk beachtet und geschätzt wird, so ist anzunehmen, daß

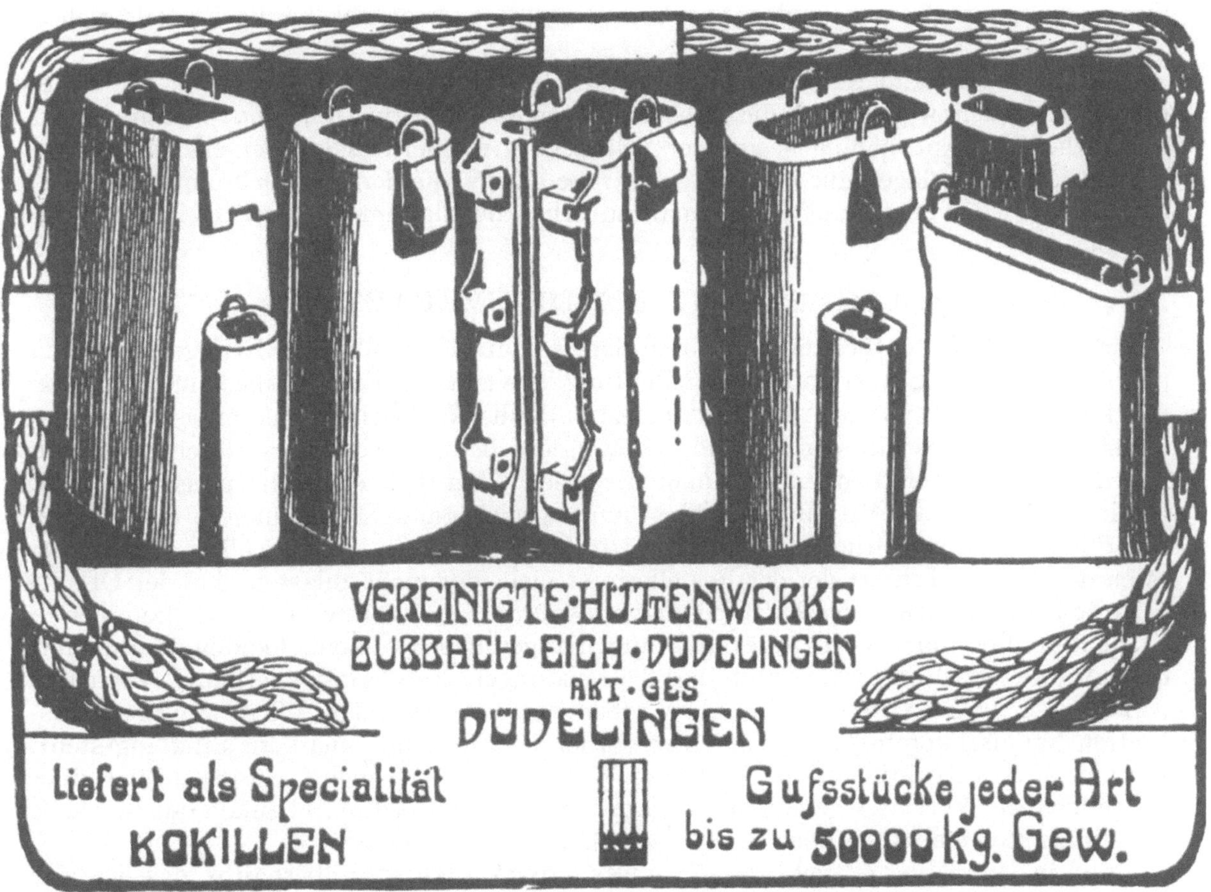

Bild-Anzeige mit unsachlichem Beiwerk, geringe Wirkung. **Falsch!** (Text auf S. 50.)

es ihm auch gelingen wird, das Gleiche nach außen hin für die Leistungen seiner Firma zu erreichen.

Ideen, die von anderer Seite kommen, sind zu prüfen, ob ein gesunder Gedanke darin steckt. Das ist eine Aufgabe, die Takt erfordert, denn in Reklamefragen glaubt jeder sachverständig zu sein. Es ist oft recht schwer, jemand davon zu überzeugen, daß man sagt, der Vorschlag passe nicht in den Werbeplan hinein, den das Werk verfolgt; und doch ist dieser Grund der allerwichtigste, denn, wie schon erwähnt und weiter unten noch näher ausgeführt, werden Kraft, Zeit und Geld zersplittert, wenn man jeder verlockenden Idee nachjagt. Die Kunst besteht also hauptsächlich darin, aus den Vorschlägen das zu entnehmen, was sich innerhalb des festgelegten Rahmens verwirklichen läßt, während solche guten Ideen, die sich jetzt noch nicht ausführen lassen, vielleicht für den Reklameplan eines der nächsten Jahre zurückgestellt und hier mit verarbeitet werden können. Denn es ist selbstverständlich, daß nach und nach mit steigendem Umsatz des Werkes, wie ihn eine verbesserte Reklame unfehlbar hervorbringt, die Verfahren der Werbung verändert werden müssen. Die wichtigste Arbeit aber ist es, das, was man einmal als zweckmäßig erkannt und ergriffen hat, zu verbessern, einerseits, um die Wirkung zu verstärken, anderseits zu dem Zweck, das angestrebte Ziel mit geringerem Geldaufwand zu erreichen. Hierzu ist u. a. auch die Prüfung der von Druckereien und anderen Firmen gelegentlich eingehenden Angebote nötig, aus denen sich häufig Vorteile ziehen lassen.

Oft werden von anderen Stellen des Werkes Vorschläge für die Ausnutzung von Reklamegelegenheiten gemacht, die nahezu kostenlos zu verwerten sind. Dahin gehört namentlich die Anbringung geeigneter Schilder an solchen Stellen der eigenen Fabrik oder gelieferter Anlagen, die gut von der Straße oder von einer Eisenbahnlinie aus sichtbar sind. Solchen Anregungen wird man natürlich nachkommen, soweit es irgend möglich ist.

3. UNTERRICHTUNG DER VERTRETER

Nicht nur die Öffentlichkeit soll durch den Reklameleiter über die Erfolge der Firma unterrichtet werden. Von ähnlicher Bedeutung ist vielmehr die Aufgabe, DEN BEAMTEN DES EIGENEN WERKES UND DEN VERTRETERN alle die Nachrichten zukommen zu lassen, die sie in ihrer Geschäftspolitik und insbesondere beim persönlichen Hereinholen von Aufträgen verwerten können, die man aber der Öffentlichkeit nicht preisgeben will. Dahin gehören z. B. Mitteilungen über umfangreiche neue Bestellungen, die sich im mündlichen oder schriftlichen Verkehr vortrefflich verwerten lassen, während die Interessen der eigenen Firma oder der Bestellerin es vielleicht nicht zulassen, daß der Öffentlichkeit vor Ausführung des Auftrages davon Kenntnis gegeben wird. Ferner kommen in Frage mündliche oder schriftliche Äußerungen angesehener Persönlichkeiten über die mit einer Anlage erzielten Erfolge und über die Leistungen des Werkes überhaupt. Derartige Äußerungen in der Öffentlichkeit als Werbemittel zu verwenden, pflegt auf eine Indiskretion hinauszukommen, die mit einer vornehmen Reklame nicht im Einklang steht. Über neue Konstruktionen, die man dem Wettbewerb noch nicht preisgeben will, über die jedoch die Vertreter genau unterrichtet sein müssen, sollten ebenfalls ausführliche Mitteilungen gemacht werden.

Hand in Hand hiermit geht das ANLERNEN DER VERTRETER überhaupt, das, wie das ganze Vertreterwesen, ein ungemein schwieriges Kapitel bildet. Es gibt in Deutschland sehr viele Zivilingenieure, die für eine eigentliche Ingenieurtätigkeit überhaupt nicht geeignet sind, sondern lediglich gewisse kaufmännische Talente haben. Manche von diesen übernehmen wahllos jede Vertretung, die sich ihnen bietet, wenn sie nur gute Provisionen zugesichert erhalten oder wenn es sich um eine besonders angesehene Firma handelt, mit deren Hilfe sie sich bei den Abnehmern ihres Bezirkes einzuführen hoffen. Eine Spezialkenntnis des Faches gilt sonderbarerweise bei uns für Vertreter im allgemeinen nicht als erforderlich; dem entsprechen aber auch die Leistungen des Durchschnittsvertreters, namentlich im Maschinenbau. In den Kreisen aller Abnehmer der Maschinenindustrie wird darüber geklagt, daß sie von Vertretern überlaufen werden, die darum betteln, daß man ihnen nur die Anfrage übergibt, die aber nicht einmal imstande sind, die Unterlagen richtig an ihr Stammhaus zu übermitteln; noch weniger können natürlich solche Persönlichkeiten dem Auftraggeber den fertigen Entwurf erläutern und auf dessen Ausstel-

Gegenbeispiel zu Abb. S. 105. Einfache, kraftvolle Darstellung. (Entwurf von Franz A. Peffer.)
Richtig! (Text auf S. 50.)

lungen antworten, also die Vorschläge des Stammhauses ernsthaft mit ihm erörtern. Die Folge ist, daß der Entwurf wiederholt mit großen Kosten und großem Zeitverlust für den Lieferer und den Auftraggeber geändert werden muß, bis etwas Brauchbares herauskommt.

Manche großen Firmen gehen infolge dieser Mißstände dazu über, in den wichtigsten Industrieplätzen Ingenieurbüros zu errichten, die mit eigenen, im Werke ausgebildeten Beamten besetzt werden. Man sei hiermit aber sehr vorsichtig, da die Unkosten leicht unerwartet hoch werden und ein Steigen des Umsatzes nicht immer entsprechend rasch eintritt. Ganz verfehlt ist es, Leute hinauszusenden, die bei der Firma nur eine oberflächliche Ausbildung genossen haben und nur durch ihr Auftreten Erfolge erzielen möchten. Dafür genügt auch ein weniger kostspieliger Vertreter. Man wähle vielmehr nur solche Herren, die lange Jahre im Dienste der Firma tätig waren, und die auch mit den Zielen und der Handhabung der Reklame vertraut sind, denn sie bilden gewissermaßen Werbemittelpunkte für ihren Bezirk. Selbstverständlich ist notwendig, daß ein solcher Herr ein umgängliches Wesen hat und kein Sonderling ist, aber alles andere, auch die äußere Aufmachung des Büros, tritt gegenüber der Forderung gründlicher Sachkenntnis zurück, wenn man auch diese Dinge keineswegs unterschätzen soll. Man frage einmal

ADOLF BLEICHERT & CO.

Unsere Anlagen dienen zur Beförderung der Rohmaterialien zum Werk, zur Eisenbahn, zum Meer, Fluß oder Kanal, zur Beladung und Entladung von Schiffen und Waggons, zur Beförderung der Rohmaterialien nach dem Lager und zu den Verbrauchspunkten, zur Wiederaufnahme des Materials vom Lager, zur Beförderung und Verladung der Halb- und Fertigfabrikate nach dem Lager oder den Abfuhrpunkten, zur Fortschaffung und Aufstapelung der Rückstände unter bester Ausnutzung der Grundfläche usw. usw.

Die von uns ausgeführten Anlagen transportieren: Stückiges und feines Eisenerz jeder Herkunft, Manganerz, Gold-, Silber- und Nickelerz, Zinkerz, Phosphate, Schwefelkies, Förderkohle, Stückkohle, Würfelkohle, Nußkohle und Kohlengrus, Braunkohle, Kalisalze, Granit- und Sandstein-Blöcke, Pflastersteine, Steinschlag, Kies, Kalkstein, Dolomit, Mergel, Abraum und Rückstände jeder Art aus Bergwerks- und Steinbruchsbetrieben, Asche und Schlacke, Zement, Gips, Beton, Aushubmassen von Hafen-, Kanal- und anderen Bauten, Zuckerrüben, Getreide und andere landwirtschaftliche Produkte, rohen und raffinierten Zucker, chemische Produkte aller Art, lose oder in Säcken, chemische Rückstände, Fässer und Flaschen, Papier- und Wollballen, groben und feinen Koks, Holzstämme von jeder Länge und Schwere, Bretter und Balken, Abfallholz usw. usw., überhaupt Massengüter und Stückgüter, wie sie in Betrieben aller Art benutzt und produziert werden.

Zufuhr der Rohstoffe zum Werk u. Abfuhr der Produkte

Die neuere Entwickelung des Transportmaschinenbaues hat einen gewaltigen Einfluß auf die Anlage industrieller Unternehmungen gehabt. Während früher das Werk so nahe als möglich an die Gewinnungsstätte der Rohmaterialien bzw. an die Eisenbahn herangelegt werden mußte, ist man heute nach der allgemeinen Einführung der Drahtseilbahn viel freier in der Wahl des Platzes geworden und vermag wertvolle Erz-, Kohlen- und Steinlager, große Wälder usw. auch bei ungünstiger Lage mit verhältnismäßig einfachen Mitteln aufzuschließen. Manche Fabrik, die früher ihre Rohstoffe mit Pferden zuführen mußte und infolge des Entstehens günstiger gelegener Konkurrenzwerke nahe am Unterliegen war, ist durch die Anlage einer Drahtseilbahn in kurzer Zeit wieder zu einem blühenden, hohe Dividenden zahlenden Unternehmen geworden.

Transporte innerhalb der Werke.

Nicht geringer ist der Einfluß der Transportanlagen auf die Disposition der Fabrikräumlichkeiten zueinander. Ehedem war man gezwungen, Transporte soweit als irgend möglich zu vermeiden und die einzelnen Werkstätten dicht nebeneinander oder übereinander zu legen. Jede Erweiterung machte dann die allergrößten Schwierigkeiten. Heute ordnet man die einzelnen Betriebe so

4

Gut durchgebildete Textseite eines Kataloges mit Verwendung von Farbe. (Text auf S. 60.)

DRAHTSEILBAHNEN · VERLADEANLAGEN

Oben: Verlade- und Transportanlage, bestehend aus zwei Uferkranen mit Greiferbetrieb, einer ausgedehnten Drahtseilbahnanlage und drei Lagerplatzbrücken zur Verteilung und Wiederaufnahme des Materials. Leistung 200 t stündlich.
Unten: Spannweite von 600 m bei einer in Japan erbauten Drahtseilbahn.

5

Gut durchgebildete Abbildungsseite eines Kataloges mit Verwendung von Farbe. (Text auf S. 60.)

einen vielbeschäftigten Industriellen, ob er sich lieber mit einem „einfachen Mann“ unterhält, der ihm schnell und gründlich auf seine Fragen Auskunft geben kann, oder mit einem tadellos gekleideten und redegewandten Herrn, der auf jede Frage erklärt, daß er darüber an sein Stammhaus schreiben will. Initiative und Rührigkeit sind natürlich ebenfalls unentbehrliche Eigenschaften.

Da es meistens nicht leicht ist, geeignete Persönlichkeiten im eigenen Betriebe zu finden und aus ihrer Tätigkeit herauszuziehen, und da auch bei den kleineren Firmen der Umsatz in einem einzelnen Bezirk selten hoch genug ist, um die Errichtung eines Ingenieurbüros zu gestatten, so ist man unter den heutigen Verhältnissen in der Regel doch auf Vertreter angewiesen und wird zweckmäßig dem Reklameleiter die Sorge dafür übertragen, daß diese Vertreter Instruktionen empfangen, die sie befähigen, wenigstens einigermaßen wirksam für die Firma zu arbeiten. Dazu gehört vor allen Dingen, daß der Vertreter weiß, auf welche Geschäfte er überhaupt lossteuern muß, und welche Anfragen das Werk sich lieber fernhält. Wenn ein Vertreter dies richtig begriffen hat und infolgedessen nur mit wertvollen, aussichtsreichen Anfragen kommt, so kann das Stammhaus sich nötigenfalls in der Weise helfen, daß es einen Ingenieur zur Unterstützung des Vertreters bei Verfolgung und Besprechung des Angebotes heraussendet. Der Vertreter kann seine diplomatische Begabung zugunsten seines Hauses ebensogut verwerten, um ohne Verstimmung des Kunden Anfragen abzulehnen, wie um solche hereinzuholen.

Durch die Besprechung von Angeboten mit den Ingenieuren des Stammhauses sammelt ein aufmerksamer Vertreter von selbst im Laufe der Zeit allerlei technische Kenntnisse, und ebenso lernt er diejenigen Punkte, auf die im Verkehr mit der Kundschaft besonders hingewiesen werden muß, durch fleißiges Studium der Drucksachen kennen. Zweckmäßig ist aber auch eine mehr planmäßige Unterrichtung, und zwar teils mündlich, verbunden mit „Anschauungsunterricht“, teils durch schriftliche Festlegung der wichtigsten technischen Grundlagen. Auch über die hauptsächlichsten kaufmännischen Grundsätze der Firma muß der Vertreter genau Bescheid wissen, ebenso über die Preise, soweit sie sich festlegen lassen.

Um alles dieses den Vertretern in geeigneter Weise beizubringen, bedarf der Reklameleiter, wie schon wiederholt betont, einer umfassenden Kenntnis der ganzen Fabrikation und der Geschäftsgrundsätze. Er kann sich aber selbstverständlich wegen Mitarbeit stets an andere Stellen wenden, wenn er nur mit der Sache soweit vertraut ist, daß er genau beurteilen kann, was gebraucht wird.

Manche Vertreter lassen es sich ganz besonders angelegen sein, die Leistungen des Wettbewerbes schlecht zu machen. Das Verfahren ist nicht eben sehr vornehm und insofern gefährlich, als es den Gegner leicht dazu veranlaßt, Vergeltungsmaßregeln zu ergreifen. Keine Firma ist vor Mißerfolgen sicher, und je größer der Umsatz ist, um so leichter sind ihr Fälle nachzuweisen, in denen ihre Erzeugnisse sich einmal nicht bewährt haben. In sachlicher Weise die Eigenschaften des eigenen Erzeugnisses denen der fremden gegenüberzustellen, kann natürlich nicht verwehrt werden.

Oben wurde bereits darauf hingewiesen, daß die Vertretungen Werbemittelpunkte für ihren Bezirk bilden. Sie können die Reklame in wirksamster Weise unterstützen, indem sie die Drucksachen, Geschenke usw. persönlich in die richtigen Hände bringen, die Adressen wichtiger Abnehmer aufgeben, günstige Plätze für Plakate ermitteln, Notizen über größere Aufträge oder fertiggestellte Anlagen den dafür in Betracht kommenden Lokalblättern ihres Bezirkes zustellen, die ja immer Interesse dafür zu haben pflegen, und dergleichen mehr. Der Reklameleiter muß also bestrebt sein, auch den Vertretern Interesse an der Werbung beizubringen, indem er sie ständig darauf hinweist, in welchem

Maße ihre Interessen hierbei mit denen des Stammhauses Hand in Hand gehen. Vor allem muß natürlich jeder Vertreter die Drucksachen genau kennen und Einrichtungen treffen, damit er sie ständig zur Hand hat und in allen geeigneten Fällen seinen Briefen beifügt.

Alle Aufgaben, die oben geschildert sind, verlangen von dem Reklameleiter ein hohes Maß persönlicher Initiative und schöpferischer Arbeit. In großen Werken wird er, wenn noch die unbedingt erforderliche sonstige Tätigkeit für das Geschäft hinzukommt, so in Anspruch genommen sein, daß es sich empfiehlt, ihm die eigentliche schriftstellerische

Auftrag Nr. .... Zeitschrift Nr. ....

Name ....

Erscheint .... Anzeigenannahme bis ....

Tag der Bestellung	Zahl der Anzeigen	Größe	Platz	Verteilung auf Abteilungen		
				Pumpen	Dampf-kessel	Turbinen
Tag des Erscheinens						
Vorgesehener Druckstock						
Druckstock erschienen (durchstrichene bezahlt)						

Schema für die Anzeigenkontrolle. (Text auf S. 112 und 128.)

Arbeit, das Abfassen der Texte und Auswählen der Bilder für die Drucksachen sowie deren Anordnung, das Redigieren der Anzeigentexte und dergleichen abzunehmen und dafür einen besonderen, literarisch befähigten Herrn einzustellen.

4. ANZEIGENVERWALTUNG

Noch wichtiger ist die Entlastung des Reklameleiters von den Arbeiten, die mehr MECHANISCHER NATUR sind.

Hierher gehört vor allen Dingen die Festlegung der Bedingungen für die ANZEIGEN und die Kontrolle über deren richtiges Erscheinen. Festzulegen ist im Vertrag mit der Verlagsfirma:

die Anzahl der Anzeigen, die erscheinen sollen;

die Art des Erscheinens, d. h. es ist zu bestimmen, ob die Anzeigen hintereinander zu bringen oder auf welchen Zeitraum sie gleichmäßig zu verteilen sind;

die Größe des von der Anzeige einzunehmenden Raumes, und zwar sowohl nach Teilen der Seite, wie auch nach Millimeter Höhe und Breite (der Druckstock für die Anzeige muß in jeder Richtung einige Millimeter kleiner sein, als der belegte Raum);

die Art der Zahlung. Regelmäßig werden die Anzeigen erst nach Eingang der Belegexemplare bezahlt, deren sofortige freie Zustellung ebenfalls zu vereinbaren ist.

Zur Sicherheit empfiehlt es sich ferner, zu vereinbaren, daß der Anzeigentext beliebig gewechselt werden kann; bei Verträgen auf längere Jahre auch, daß der Besteller berechtigt ist, zurückzutreten, wenn die Zeitschrift nach Umfang und Bedeutung zurückgeht. Gegebenenfalls ist das Recht der Option für den belegten Platz nach Ablauf des Vertrages vorzubehalten, da gute Plätze immer sehr begehrt werden und ein Wechsel des Platzes, wenn es sich nicht um eine erhebliche Verbesserung handelt, nachteilig zu sein pflegt.

Kleinanzeige. (Text auf S. 52.)

Die Verträge werden zweckmäßig so abgeschlossen, daß sie gleichzeitig, und zwar mit dem Ende eines Geschäftsjahres, ablaufen. Dies erleichtert die Maßnahmen für das neue Geschäftsjahr ganz wesentlich.

Über die Anzeigen ist ein übersichtliches Verzeichnis zu führen, das gegebenenfalls nach Ländern geordnet wird. Jede Zeitschrift erhält eine Nummer. Die jährlich zu bezahlenden Beträge müssen in der Liste eingetragen werden, so daß man sie bequem zur Hand hat.

Die Kontrolle über die Anzeigen läßt sich mit Hilfe von Karten führen, auf denen alle wichtigen Angaben über den Anzeigenauftrag verzeichnet sind (vgl. das Schema Abb. S. 111). In vorgedruckten Abteilungen werden die Tage eingeschrieben, an denen die Anzeige bedingungsgemäß erscheinen soll bzw. erschienen ist, und darunter die Nummern der vorgesehenen und der tatsächlich benutzten Druckstöcke. Solange für eine Anzeige noch kein Beleg eingegangen ist, oder wenn die Anzeige nicht den Abmachungen entspricht und daher die Zahlung verweigert wird, bleibt das zugehörige Feld frei. Ist die Zahlung erfolgt, so werden die betreffenden Nummern durchstrichen. Die wagerechten Spalten lassen sich nach unten hin beliebig wiederholen.

Zweckmäßig ist es, die erschienenen Anzeigen übersichtlich zusammenzustellen, damit man einen Überblick behält, ob die Anzeige nach Inhalt und Form zeitgemäß ist oder verändert werden muß.

Den Erfolg einer Insertion festzustellen und damit ein sicheres Urteil über ihren Wert zu gewinnen, ist ebenso wichtig wie schwierig. Ein altes, beliebtes Mittel ist, dem Namen des Ortes die Nummer der Anzeige hinzuzufügen, also z. B.: Fritz Radbruch & Co., Düsseldorf 35. Dies mag einigermaßen wirkungsvoll sein, wenn unmittelbar auf die Anzeige hin Bestellungen oder Anfragen erwartet werden, also namentlich beim Vertrieb kleiner Gegenstände. Handelt es sich dagegen um große Geschäfte, so ist ein solches Vorgehen ziemlich zwecklos. Der Kunde mag wohl mit Interesse die Anzeige lesen, die Firma steht aber meistens ohnehin schon auf der Liste der Lieferer oder ist bekannt genug, so daß die Anschrift nicht der Anzeige entnommen wird. Häufigere Anführung der Nummer kommt vor, wenn in den Fachzeitschriften einer Industrie angezeigt wird, die bisher überhaupt nicht bearbeitet wurde. Man darf aber nicht enttäuscht sein, wenn die weiteren Jahre scheinbar weniger Anzeigenerfolge aufweisen, als das erste. Das Ausbleiben der Nummer späterhin ist lediglich ein Beweis dafür, daß die Firma inzwischen bekannter geworden ist, nicht aber, daß die Anzeigen weniger gelesen werden.

Ein anderer Weg ist der, auf eine Drucksache hinzuweisen, die in besonderer Beziehung zu dem Hauptgegenstand der Anzeige steht, und diese mit einer bestimmten Bezeichnung anzuführen, z. B.: „Unsere Drucksache Nr. 35f steht kostenlos zur Verfügung.“ Wenn dann die Drucksache verlangt wird, so läßt sich feststellen, auf welche Anzeige dies zurückzuführen ist.

Benutzung einer charakteristischen Einzelheit als Motiv für ein Plakat. (Text auf S. 52, 64 und 70.)

Jede Anfrage, die eines dieser Merkzeichen trägt, oder in der auf eine Drucksache, eine Ausstellung oder eine andere Reklame Bezug genommen ist, muß dem Reklamebüro vorgelegt und von ihm verzeichnet werden. Die Zahl der Anfragen ist jedoch nicht allein maßgebend, sondern vor allem auch deren Wert. Es ist also später festzustellen, ob die Anfrage zu einem Angebot und zu einer Bestellung geführt hat, oder ob es sich nur um die Anfrage eines Neugierigen handelte. Schlüsse auf den Wert einer Zeitschrift sind aber nur dann zulässig, wenn die Prüfung der Anzeigenerfolge ein günstiges Ergebnis hat, während das Ausbleiben klarer Ergebnisse, wie oben begründet wurde, keineswegs ein Beweis für die Wertlosigkeit der Zeitschrift ist.

Die Anzeigentexte sind in regelmäßigen Abständen nachzuprüfen, damit nicht unzeitgemäße Anzeigen längere Zeit in einer Zeitschrift bestehen bleiben.

Erwünscht ist, daß die Persönlichkeit, der die Verwaltung der Anzeigen und demnach auch der Originalentwürfe dafür übertragen wurde, selbst die kleinen Umänderungsarbeiten vornehmen kann, die nötig sind, um einen Entwurf für ein etwas abweichendes Format zurecht zu machen, gelegentlich neue Schrift einzusetzen und dergleichen mehr. Wenn die Firma Geschäfte mit dem Ausland macht, so sind einige Sprachkenntnisse für den betreffenden Beamten unerläßlich. Die für Reproduktion bestimmten Strichzeichnungen können an anderer Stelle ausgeführt werden, doch achte man darauf, daß alle Zeichnungen gleichen Charakter erhalten, und daß vor allem die Strichstärke groß genug ist. Konstruktionszeichnungen lassen sich nur in den allerseltensten Fällen unmittelbar wiedergeben, weil die Striche zu dünn sind. Man erhält danach ein graues, eindrucksloses

Bild, auch kommt es leicht vor, daß einzelne Linien ganz fortbleiben. Die Zeichnungen müssen für die Reproduktion meistens unter Heraushebung des Wesentlichen vereinfacht und so ausgezogen werden, daß die dünnsten Striche in der Verkleinerung noch etwa $^1/_7$ bis $^1/_5$ mm dick werden; bei Maßlinien und Mittellinien darf man allenfalls bis auf $^1/_{10}$ mm heruntergehen. Die fraglichen Zeichnungen werden zweckmäßig im Reklamebüro registriert und verwaltet. Damit die Zeichnungen auch zur Herstellung von Diapositiven benutzt werden können, beachte man die Leitsätze für TWL-Lichtbilder[1]).

5. VERWALTUNG DER PHOTOGRAPHIEN UND LICHTBILDER

Die Photographien sind, soweit es sich um ausgeführte Maschinenanlagen handelt, nach den von den technischen Büros benutzten Stichworten der Anlagen zu ordnen und zweckmäßig mit Hilfe eines Kartensystems zu registrieren. Platten und Bilder müssen getrennt aufbewahrt werden, erstere in Kästen, letztere in Mappen oder starken Umschlägen. Da die retuschierten Photographien einen ziemlich bedeutenden Wert darstellen, so bewahre man sie recht sorgfältig, nötigenfalls getrennt von den übrigen Bildern, auf. Über jedes entnommene Bild muß eine Quittung ausgestellt werden, da die Photographien sonst leicht verloren gehen. Man suche von allen Photographien die Originalplatten zu erhalten, um verloren gegangene oder beschädigte Bilder ersetzen und weitere Abzüge machen zu können.

Wenn die Firma in der Lage ist, sich ein eigenes photographisches Atelier zu halten, so bedeutet das nicht nur für die Herstellung neuer Aufnahmen, sondern auch für die Verwaltung und Ausnutzung des vorhandenen Materials an Photographien eine große Erleichterung. Jede Firma sollte sich wenigstens die nötigen Einrichtungen anschaffen, um selbst Kopien eingesandter Platten anfertigen zu können, so daß sie nicht auf einen fremden Photographen angewiesen ist. Denn es ist viel daran gelegen, daß das eingehende Werbematerial — und Photographien gehören zu den wichtigsten Hilfsmitteln der Werbung — RASCH nutzbar gemacht wird, und zwar nicht nur für die Drucksachen, sondern auch als Anschauungsmaterial für das Heranholen von Aufträgen. Alle mit der Kundschaft verkehrenden Beamten tun gut daran, sich Sammlungen von Photographien anzulegen, die meistens wirkungsvoller sind, als die Abbildungen in Drucksachen. Viele Bilder, die nicht gut genug gelungen sind, um sich zur Herstellung von Klischees zu eignen, können für die mündliche Erläuterung von Konstruktionen vortreffliche Dienste leisten.

Von Abbildungen, die im Original flau und wirkungslos waren und erst durch eine weitgehende Retusche brauchbar geworden sind, fertige man durch nochmaliges Photographieren Negativplatten an, von denen weitere Abzüge genommen werden können.

DIAPOSITIVE für Vorträge[2]) sollten das Normalformat 85 × 100 mm erhalten. Sie können also von Platten dieser Größe durch unmittelbares Kopieren hergestellt werden. Sonst sind die Bilder nach den Originalnegativen zu verkleinern; häufig ist es auch zweckmäßig, nach den retuschierten Photographien zunächst Negative in der Größe 85 × 100 herzustellen. Die Diapositive sollten nicht benutzt werden, ohne daß auf die Schicht ein Schutzglas gelegt ist; die beiden Platten werden durch Umkleben des Randes mit gummierten schwarzen Papierstreifen, wie sie in jeder Handlung photographischer Artikel käuflich sind, verbunden. Die Diapositive sind getrennt von den übrigen Platten übersichtlich zu ordnen und zu verzeichnen.

---

[1]) TWL-Textblatt 1143 der Technisch-Wissenschaftlichen Lehrmittelzentrale.

[2]) Vgl. Abschnitt III, S. 78.

Bekohlung und Aschetransport
für Dampfkessel und Generatoren

Einfach und vornehm ausgeführter Umschlag. (Text auf S. 62.)

Umschlag mit Verwendung von Buchschmuck. (Text auf S. 62.)

6. HERSTELLUNG UND VERWALTUNG DER DRUCKSACHEN

Die Herstellung und Verwaltung der Drucksachen ist eine sehr wichtige Aufgabe. Zunächst handelt es sich darum, nach Festlegung des Textes, der Abbildungen und der gesamten Anordnung die Herstellung zu überwachen. Man übergebe, wenn irgend

Auffallende und künstlerisch vortreffliche Zeichnung für einen Drucksachendeckel. (Text auf S. 62.)

möglich, die Handschrift dem Drucker erst, wenn sämtliche Druckstöcke[1]) fertig sind, da durch das Offenhalten von Raum und das nachträgliche Einsetzen der Bildstöcke Kosten entstehen und auch leicht Irrtümer vorkommen, die eine Änderung des Satzes notwendig machen. Überhaupt sind nachträgliche Änderungen zu vermeiden, besonders solche, die dazu zwingen, den Satz in größerem Umfange neu zu „umbrechen", d. h. die Zeilen anders

[1]) Wegen Herstellung und Aufbewahrung der Druckstöcke vgl. S. 28.

Gut gezeichnete erste Seite eines Flugblattes. Rahmen-Ornamente nicht sehr glücklich. Schrift nicht rasch genug lesbar. (Text auf S. 64.)

zu bilden. Ein solcher Umbruch kann fast ebenso kostspielig sein, wie vollständig neuer Satz.

Für die Klischees, die an den Drucker gehen, lasse man sich Quittung geben. Da sie leicht Schrammen erhalten, die im Druck zu sehen sind, so müssen sie bei der Beförderung sehr sorgfältig behandelt werden. Die Druckstöcke nutzen sich auch durch den Gebrauch ab, was sich oft erst nach vollendeter Zurichtung in der Maschine zeigt. Da aber die Auswechslung eines Stockes dann infolge des notwendigen Maschinenstillstandes sehr teuer wird, so empfiehlt es sich, für jeden Druckstock die Anzahl Drucke, die er schon ausgehalten hat, aufzuschreiben und ihn rechtzeitig zu vernichten, wie man auch Stöcke, die für Anzeigendruck gedient haben, nicht mehr für Kunstdruck verwenden darf. Überhaupt achte man darauf, daß sich nicht unnötig viele alte Druckstöcke ansammeln, da die Schränke teuer sind und viel Raum wegnehmen. Die Druckstöcke sind also von Zeit zu Zeit durchzugehen und, soweit nicht mehr benutzbar, zu vernichten.

Von einer guten Vorbereitung der Drucksachen hängt die pünktliche Lieferung seitens der Druckerei wesentlich ab. Man kann der Druckerei keine Vorwürfe wegen Verspätung machen, wenn die Lieferung des endgültigen Textes und der Druckstöcke nicht rechtzeitig erfolgte. Im übrigen aber muß, besonders bei solchen Drucksachen, die zu bestimmter Zeit erscheinen sollen, scharf aufgepaßt werden, daß die Druckerei ihren Verpflichtungen nachkommt. Für diejenigen Drucksachen, die keinen glatten, buchähnlichen Satz haben, sondern in irgendwie eigenartiger Aufmachung erscheinen sollen, sind möglichst eingehende Angaben über die Anordnung zu geben, da sonst die Satzproben der Druckerei leicht enttäuschen und zeitraubende Änderungen die Folge sind. Für größere Kataloge lasse man bereits während der Bearbeitung einige typische Probeseiten setzen und verständige sich über alle Einzelheiten der Ausführung mit der Druckerei, damit, wenn die Handschrift fertig vorliegt, kein Probieren mehr notwendig ist. Der Neuling im Druck- und Reklamewesen stößt hier oft auf unerwartete Schwierigkeiten und wird finden, daß es sehr viel mehr Mühe macht, als es scheint, eine tadellos ausgestattete Werbedrucksache mit der wünschenswerten Schnelligkeit fertigzustellen. Es gehört längere Erfahrung dazu, um sich die Wirkung eines Drucksachenentwurfes im voraus vorstellen zu können und um die Herstellung einer schwierigeren Drucksache richtig zu organisieren.

Die Drucksachen müssen an einem trockenen Ort aufbewahrt werden. Die AUSGABE der Drucksachen ist eine rein mechanische Arbeit, kann aber zu einer großen Belastung des Reklamebüros führen, wenn die übrigen Stellen im Geschäft nicht genau darüber unterrichtet sind, was vorhanden ist, und was sich für die verschiedenen Fälle eignet. Das Büro und namentlich dessen Leiter sollten nur in besonders wichtigen Fällen befragt oder mit der Zusammenstellung von Drucksachen beauftragt werden. Alle Beamten, die den Briefwechsel mit der Kundschaft führen oder für andere Zwecke Drucksachen gebrauchen, müssen also übersichtliche Verzeichnisse der verfügbaren Drucksachen besitzen und diese selbst kennen, um sie bei der Drucksachenausgabe bestellen zu können. Das ist schon deshalb notwendig, damit überhaupt von den Drucksachen ausreichend Gebrauch gemacht wird. Eine Broschüre, die einem Brief beiliegt, und auf die in dem Briefe hingewiesen wird, findet bestimmt Beachtung und bildet also eine vortreffliche Reklame. Es wäre verkehrt, dieses billige Hilfsmittel nicht reichlich auszunutzen. Das Reklamebüro tut also sowohl im Interesse des Geschäftes wie in seinem eigenen Interesse, d. h. um sich zu entlasten, wohl daran, hier eine gute Organisation zu schaffen.

Wird die Drucksachenausgabe für das Reklamebüro in dieser Weise mechanisiert, so genügt eine untergeordnete Hilfskraft, die unter der Aufsicht des Büros steht, um

Origineller, gut gelungener Flugblattentwurf (Mammutwerke, Nürnberg). Firma sollte auf der ersten Seite nicht fehlen. (Text auf S. 64.)

die Drucksachen auszugeben. Die Drucksachenverwaltung kann auch dem Zeichnungsarchiv angegliedert werden.

Für wertvolle Drucksachen und Geschenke wird gewöhnlich die Bestimmung getroffen, daß sie nur mit Genehmigung der leitenden Persönlichkeiten ausgegeben werden dürfen.

Im übrigen aber schließe man die Drucksachen nicht zu sehr ab und gestatte nach Möglichkeit auch den mittleren und unteren Beamten, sich mit Drucksachen zu versehen, da hierdurch ihr Geschäftsinteresse gehoben wird und sie selbst als Träger der Reklame nach außen hin ausgenutzt werden. Um einem Mißbrauch vorzubeugen, kann man bei wertvollen Sachen eine Vergütung fordern. Die Monteure sind immer regelmäßig und reichlich mit Drucksachen zu versehen, da sie mit der Kundschaft in unmittelbare Berührung kommen und vortrefflich Gelegenheit haben, für die Firma zu wirken.

Von Zeit zu Zeit ist eine BESTANDAUFNAHME notwendig, damit das Reklamebüro für wichtige Drucksachen rechtzeitig einen Neudruck veranlassen oder, wenn es sich um sehr

Starke Wirkung des achtmal wiederholten Motivs. (Text auf S. 64.)

wertvolle Kataloge handelt, die nicht noch einmal hergestellt werden sollen, eine weitere zu schnelle Ausgabe verhindern kann. Die Bestandaufnahmen zeigen auch, welche Drucksachen am stärksten verlangt werden, und geben also Aufschluß darüber, was am meisten angesprochen hat. Der Reklameleiter kann hieraus wertvolle Anregungen schöpfen. Wenn eine Drucksache nicht mehr recht gehen will, so räume man gelegentlich damit, indem man sie als Beilage für eine Zeitschrift benutzt oder irgendeiner Massenversendung beifügt.

Für den UNMITTELBAREN VERSAND von Drucksachen an bestimmte Kundenkreise sind Adressen von einem der zahlreichen Adressenbüros zu erhalten. Leider sind aber die Angaben nicht immer zuverlässig. Ausländische Adressenverzeichnisse sind oft so fehlerhaft, daß es beinahe weggeworfenes Geld ist, danach eine Versendung zu veranstalten. Führt eine Firma den Versand von Drucksachen an bestimmte Kreise regelmäßig durch, so muß sie danach trachten, sich eigenes Adressenmaterial zu sammeln, wofür z. B. die Handbücher der verschiedenen Industrien gute Unterlagen liefern. Man findet darin nicht nur die Adressen der Firmen, sondern auch die Größe des Kapitals, die Arbeiterzahl, die jährliche Erzeugung usw. aufgeführt, so daß gegebenenfalls kleinere Betriebe, die als Kunden nicht in Frage kommen, ausgeschieden werden können. Die meisten Bücher enthalten auch die Namen der maßgebenden Persönlichkeiten. Ob die Sendungen an diese persönlich oder an das Werk gerichtet werden sollen, ist nicht allgemein zu entscheiden. Bei persönlicher Adressierung ist zwar damit zu rechnen, daß die Sendung in die richtigen Hände kommt, doch verstimmt unter Umständen die damit verbundene Belästigung.

Veranschaulichung des Begriffes „Arbeitstempo".
(Text auf S. 23, 64 und 70.)

Jedenfalls sollte man nur wirklich wertvolles, instruktives Material in dieser Weise verteilen und nicht etwa durch ein Bombardieren mit Drucksachen Erfolge zu erzielen versuchen.

Es ist selbstverständlich, daß die Adressen schon während der Herstellung der Drucksachen geschrieben werden müssen, so daß die Versendung sofort nach Ablieferung stattfinden kann.

Erwünscht ist es, namentlich im Maschinenbau, daß die Drucksachen, soweit sie technisch wertvollen Inhalt haben, regelmäßig nach Verzeichnissen an die Fachlehrer der technischen Lehranstalten gesandt werden[1]). Nicht nur erleichtern die Firmen, die sich dieser geringen Mühe unterziehen, es den Lehrern ganz erheblich, über die Neuerungen auf ihrem Gebiete auf dem Laufenden zu bleiben, und erfüllen damit eigentlich eine selbstverständliche Pflicht, sondern sie betreiben damit gleichzeitig eine weitausschauende Propaganda, die sehr hoch zu bewerten ist. Denn die Leistungen der Firma gelangen auf diese Weise auch zur Kenntnis der heranwachsenden Generation, bei der alle Eindrücke weit besser haften, als bei einem in der Berufsarbeit stehenden, stark beschäftigten Ingenieur.

Schädigung eines an sich guten Plakatentwurfes durch „Zuviel". Die kleinen Darstellungen am unteren Rande der Zeichnung stören die Gesamtwirkung; sie hätten fortbleiben sollen. (Text auf S. 70.)

7. VERFOLGUNG DER LITERATUR UND DER PATENT-ANGELEGENHEITEN

Dem Reklamebüro liegt meistens die Verfolgung der technischen Literatur und die Bekanntgabe der für die Firma wichtigen Aufsätze an die in Betracht kommenden Beamten ob. Die Aufsätze werden ausgeschnitten und in Mappen zusammengeheftet, deren Umlauf möglichst zu beschleunigen ist. Nach Umlauf werden die Artikel herausgenom-

[1]) Ebenso an die „Technisch-Wissenschaftliche Lehrmittelzentrale", Berlin NW 87, Huttenstraße 12/16.

men und, nach möglichst vielen Gruppen getrennt, in andere Mappen eingeklebt, die den Beamten zur Verfügung stehen und der Bibliothek des Werkes einverleibt werden können. Die Literatursammlungen können nicht nur für die technischen Büros, sondern auch für Patentrecherchen gute Dienste leisten. Will man nicht sämtliche Aufsätze umlaufen

Gut durchgeführte Zeichnung, in ihrem ruhigen Ernst dem Charakter des Bergbaues, in dem die Lokomotiven vorzugsweise verwandt werden, entsprechend. (Text auf S. 64.)

lassen, so können kurze Auszüge angefertigt und den Beamten anheimgestellt werden, sich die Aufsätze vom Reklamebüro kommen zu lassen.

Viele Firmen lassen im Reklamebüro auch die Patentangelegenheiten bearbeiten. Dies liegt nahe, weil die Abfassung der Patentunterlagen und der ganze Verkehr mit den Patentämtern im Inland und Ausland literarische und Redegewandtheit sowie

Sprachkenntnisse bedingen, die von dem Reklameleiter auch gefordert werden müssen. Ferner läßt sich auf diese Weise ein Reklamebüro für eine kleinere Firma eher rentabel gestalten, und schließlich ist die Beschäftigung mit den Patenten für den Reklameleiter ein recht gutes Hilfsmittel, um mit den neuen Konstruktionen bekannt zu werden und in ihr Wesen einzudringen. Für eine Tätigkeit, wie sie auf Seite 98 für den Reklameleiter verlangt wurde, gibt diese Beschäftigung indessen keinen vollwertigen Ersatz, weshalb es richtiger ist, ihn damit nicht zu belasten, wenn ihm dadurch die Zeit für andere Arbeiten weggenommen wird. Sodann unterschätze man aber auch die Kenntnisse und Erfahrungen nicht, die für eine erfolgreiche Behandlung der Patentangelegenheiten einschließlich der Patentprozesse erforderlich sind. Die Sache stellt sich zunächst ziemlich einfach dar, da sich der Verkehr mit dem Patentamt erfreulicherweise nicht in bürokratischen Formen vollzieht und jede Erwägung des gesunden Menschenverstandes, einerlei, in welcher Weise sie vorgebracht wird, bei dieser Behörde auf ein williges Ohr rechnen kann. Die Behandlung der Anmeldungen ist aber noch wenig gleichmäßig; infolgedessen werden von dem einen Prüfer oft Anmeldungen ungünstig beurteilt, die ein anderer glatt annehmen würde, und deren Verfolgung vielleicht in der höheren Instanz zu einem Ergebnis führt. Es bedarf also sehr weitgehender Erfahrungen und genauer Kenntnis der wechselnden Praxis des Patentamtes, um beurteilen zu können, welche Forderungen in bezug auf die Fassung der Ansprüche man noch aufrecht erhalten darf, ohne das Patent überhaupt zu gefährden, und was für Gründe vor allem ins Feld geführt werden müssen. Für wichtige Anmeldungen, Einsprüche oder Nichtigkeitsklagen ziehe man deshalb einen Patentanwalt heran, wenn der Reklameleiter nicht bereits lange Patentpraxis besitzt. Auch bezüglich der Gebührenzahlung und der Ausführungsnachweise können, wenn das Büro nicht gut eingearbeitet ist, leicht verhängnisvolle Fehler vorkommen. Wichtige Patente lasse man daher außer durch die eigenen Beamten auch durch einen Patentanwalt überwachen. Die hierfür erforderlichen Beträge sind als Versicherungsgebühren anzusehen.

Die Organisation, die für eine geregelte Verwaltung der Patentangelegenheiten erforderlich ist, soll im übrigen an dieser Stelle nicht besprochen werden.

Aus allem, was gesagt ist, geht hervor, daß die Arbeiten, auch diejenigen, die mehr mechanischer Natur sind, ziemlich großen Umfang haben und Organisationstalent und Initiative erfordern, wenn sie rasch und glatt erledigt werden sollen. Die Aufgabe ist deshalb besonders schwierig, weil die sonstige Organisation eines technischen Betriebes für die Organisation der Werbung fast gar keine Vorbilder liefert, sondern hier ganz neue Erfahrungen gesammelt und neuartige Einrichtungen getroffen werden müssen. Auch an die Beamten der Werbeabteilung werden ganz andere Anforderungen gestellt, als an Konstrukteure oder Kaufleute, so daß man im eigenen Geschäft nur selten geeignete, mit dem Geschäftsgang schon vertraute Kräfte finden wird und es überhaupt dem Zufall überlassen bleibt, ob sich die betreffenden Posten in der erwünschten Weise besetzen lassen. Die meisten Techniker haben nur die Laufbahn als Konstrukteure oder höchstens als Betriebsbeamte im Auge und entschließen sich schwer, sich zu einer Stellung zu melden, die von dem, was sie kennen, abweicht und ihnen nicht so scharf umrissen erscheint. Deshalb sei besonders darauf hingewiesen, daß sich für einen Techniker, der vielseitig, namentlich auch zeichnerisch und literarisch begabt ist und allgemeinere Interessen hat, hier eine gute Möglichkeit des Fortkommens bietet, da das Interesse der Maschinenfabriken am Werbewesen immer mehr zunimmt und außerdem der Übergang in höhere kaufmännisch-technische Stellungen keineswegs ausgeschlossen ist.

Vortrefflich gelungene Heraushebung einer Einzelheit. Sehr wirksames Motiv. (Text auf S. 64.)

B. WERBEPLAN UND WERBEKOSTEN

1. ALLGEMEINE GESICHTSPUNKTE

Bei richtiger Organisation soll die Aufstellung eines Werbeplanes und Kostenvoranschlages der Einleitung der Werbemaßnahmen in jedem Geschäftsjahr vorangehen. In der vorliegenden Arbeit ist dieser Abschnitt an den Schluß gestellt, weil die Aufstellung eines Planes nur möglich ist, wenn man nicht nur die Werbemittel in allen Einzelheiten kennt, sondern auch weiß, welche organisatorischen Maßnahmen zur Ausführung des Planes erforderlich sind, so daß sich übersehen läßt, ob das Reklamebüro der Aufgabe überhaupt gewachsen sein wird. Tatsächlich werden auch die meisten Firmen erst auf Grund von Erfahrungen, die in den vorangehenden Jahren gesammelt sind, in der Lage sein, einen richtigen, durchführbaren Plan im voraus aufzustellen, falls nicht ein gründlich erfahrener Fachmann hinzugezogen wird. Dieses letztere ist unter allen Umständen dann notwendig, wenn die Absicht besteht, einen neuen Gegenstand rasch auf den Markt zu werfen und die Vorteile davon zu ernten, ehe der Wettbewerb sich geltend macht und die Preise drückt. Da Patente nur in ganz seltenen Fällen so weitgehend sind, daß kein Umgehen möglich wäre, so gilt es, rasch und zielbewußt loszuschlagen, wenn man die Früchte der Erfindung voll und ganz genießen will.

Wohl ist es möglich, auch ohne einen Werbeplan, ohne eine eigentliche Organisation, Erfolge zu erzielen. Dazu gehört aber ein besonders genialer Reklameleiter; und vor allem wird es sich am Schlusse des Jahres immer zeigen, daß die Kosten erheblich höher geworden sind, als man erwartet hatte. Sehr nahe liegt der Vergleich mit einem Heer, das unter genialer Führung drauf losgeht und den Gegner schlägt. Läßt der Führer aber dabei die Gesetze der Kriegswissenschaft außer acht und verzichtet er darauf, einen umfassenden Feldzugsplan aufzustellen, so wird es ihm leicht begegnen, daß er trotz taktischer Siege strategische Niederlagen erleidet.

Mit der zielbewussten Durchführung eines festen Planes wird auf alle Fälle viel Geld gespart.

Dem Neuling, der auf den Posten eines Reklameleiters kommt und dem also plötzlich die Aufgabe gestellt wird, Reklame für irgend etwas zu machen, erscheint die Sache zunächst sehr leicht, denn er hat sofort den Kopf voller Pläne und Ideen. Es gibt phantasievolle Leute, die heute eine große Lichtreklame in Newyork machen möchten, morgen auf allen Bahnhöfen der Berliner Untergrundbahn Plakate aushängen wollen, übermorgen in der Hauptstraße von Buenos Aires ein großes Schaufenster zu mieten Lust haben, weil der dortige Vertreter geschrieben hat, daß eine Wettbewerbfirma in einem kleinen Schaufenster in einer Nebenstraße ihre Maschinen ausstellt, und dann möchte dieser „Werbefachmann" vielleicht in der ganzen Welt herumreisen und Vorträge halten. Solche Leute sind gefährlich, und man gebe ihnen ja nicht den Posten eines Reklameleiters. Aber ein Mann braucht noch längst nicht so viel Phantasie zu haben und hat doch noch immer viel zu viel davon, wenn er sie nicht zu beherrschen weiß. Alle Maßnahmen der Art, wie sie eben genannt wurden, bringen vermutlich Nutzen; aber der Erfolg steht in keinem Verhältnis zu den Ausgaben, wenn der Werbung die Stetigkeit fehlt. Das oberste Gesetz der Reklame — das muß immer wieder betont werden — ist ja die Wiederholung.

Es gilt deshalb, so vorzugehen, daß der, den man als Kunden haben will, sicher und immer wieder gepackt wird, am besten so, daß er die Absicht nicht merkt und von selbst auf den Weg zu kommen glaubt, auf den man ihn haben will. Daß hierzu ein ausgearbeiteter Plan gehört, bedarf keines Beweises.

Darstellung sehr wirksam. Überraschend und das Auge auf sich ziehend infolge Wahl eines ungewohnten Standpunktes. (Text auf S. 64.)

Ein solcher Plan muß aber nicht nur aufgestellt, sondern auch eingehalten werden, und dazu gehört oft ein nicht unbeträchtliches Maß von Charakterstärke. Allerdings muß ein kleiner Dispositionsfonds im Kostenanschlag vorgesehen werden, damit man wichtige Gelegenheiten, die sich innerhalb des beabsichtigten Rahmens bewegen, nicht zu versäumen braucht. Werden aber Überschreitungen des Anschlages zugelassen, so führt das leicht ins Uferlose.

Wie schon angedeutet, sind bei Aufstellung des Planes nicht nur die verfügbaren Geldmittel, sondern auch die Leistungsfähigkeit des Reklamebüros zu berücksichtigen. Ein nicht eingearbeitetes Büro kann nicht plötzlich eine ganze Reihe neuer Aufgaben bewältigen, oder es wird sie schlecht ausführen, so daß der Erfolg den Aufwendungen nicht entspricht. Auch aus diesem Grunde empfiehlt es sich, in der Werbung konservativ zu sein und nur allmählich weiter zu bauen.

Bei großen Firmen können sich leicht daraus Unannehmlichkeiten ergeben, daß eine Abteilung sich hinter der anderen zurückgesetzt glaubt. Deshalb muß bei Aufstellung des Werbeplanes auch darüber eine Verständigung getroffen werden, ob gewisse Erzeugnisse in den Anzeigen, Drucksachen usw. in den Vordergrund geschoben werden sollen. Dementsprechend hat man die Verrechnung der Werbeausgaben auf die Abteilungen vorzunehmen (vgl. Abb. S. 111). Man berücksichtige aber, daß jede Reklame, dadurch daß der Name des Werkes genannt und seine Leistungen hervorgehoben werden, mittelbar auch sämtlichen anderen Erzeugnissen zugute kommt.

2. WAHL ZWISCHEN DEN MITTELN DER WERBUNG

Wenn es sich nun darum handelt, zwischen den zahlreichen Mitteln der Werbung, die zur Verfügung stehen, eine Wahl zu treffen, so steht von vornherein fest, daß, abgesehen von wenigen Ausnahmefällen, wo nur ein kleiner Kundenkreis zu bearbeiten ist, Anzeigen und Drucksachen auf keinen Fall vernachlässigt werden dürfen. Anzeigen sind erforderlich, um die fraglichen Kreise in ihrer Gesamtheit zu erfassen und vor allen Dingen auch auf diejenigen Persönlichkeiten zu wirken, die zur Zeit noch in untergeordneter Stellung sind und daher in ihrer dienstlichen Tätigkeit die Firma nicht kennen lernen, später aber in die maßgebenden Posten aufrücken werden. Anderseits sind jedoch Anzeigen, wenigstens bei Maschinen und technischen Gebrauchsgegenständen, in der Regel zu kurz, um ernsthaften Kunden als Belehrung zu genügen, so daß Drucksachen sich nicht entbehren lassen. Das eine kann also das andere nicht ersetzen. Es ist auch nicht richtig, mit Rücksicht auf eine gut organisierte, regelmäßige und reichliche Drucksachenversendung nur geringe Summen für Anzeigen aufzuwenden und sie durchweg als reine Schlagwortanzeigen auszuführen, denn die letzteren dienen eigentlich nur dazu, um bei den Personen, die man ohnehin schon erreicht, den Namen noch fester einzuprägen, erfüllen aber nicht den Zweck, die außerhalb stehenden Kreise für die Firma zu interessieren. Ausstellungen, Aufsätze in Zeitschriften und Vorträge lassen sich nicht so planmäßig organisieren, daß sie Anzeigen und Drucksachen als Belehrungsmittel ersetzen könnten.

Bei der Auswahl von Blättern für ANZEIGEN meide man die kleinen Reklameblättchen, die unter irgendeinem fachmännischen Namen hier und da auftauchen. Diese Blätter haben meistens keine nennenswerte Abonnentenzahl, werden aber an eine gewisse Anzahl von Adressen umsonst versandt. Maßgebende Persönlichkeiten, die wenig Zeit haben, halten sich jedoch nicht einmal mit dem redaktionellen Text, geschweige denn mit dem Anzeigenteil einer solchen Zeitschrift auf; meistens wird sie an die Adresse des Werkes gesandt und kommt der Leitung überhaupt nicht zu Gesicht. Daß eine Versendung der

Zeitschrift an eine gewisse Anzahl von Adressen gewährleistet wird, gibt also gar keinen Maßstab für die Wirksamkeit der Anzeigen, um so weniger, wenn nicht nachgewiesen wird, daß die Versendung JEDESMAL AN SÄMTLICHE ADRESSEN erfolgt. Unbedingt vorzuziehen

Origineller, sehr gut durchgeführter Flugblattentwurf. (Text auf S. 66.)

sind die großen, ernsthaften, wissenschaftlich geleiteten Zeitschriften, auch wenn die Anzeigenpreise sich bedeutend höher stellen.

Auf Angebote von Gratisanzeigen sollte man sich nicht einlassen. Von den Zeitschriften wird häufig versucht, dadurch, daß sie die Anzeige einer ersten Firma umsonst bringen, die Wettbewerbfirmen zur Aufgabe von Anzeigen zu veranlassen. Ein solches Vorgehen beweist von vornherein, daß das Blatt auf schwachen Füßen steht, und verdient keine Unterstützung.

Man inseriere nicht zu viel, sondern strebe lieber dahin, die einzelnen Anzeigen recht wirksam zu gestalten, also sie an einen guten Platz zu bringen und mit aller Sorgfalt auszuführen. Dies kostet viel Arbeit, namentlich bei größeren Textanzeigen, die instruktiv sein sollen. Infolgedessen bildet es eine starke Belastung für das Reklamebüro, wenn viele solche Anzeigen dauernd überwacht werden müssen. Es empfiehlt sich also, zunächst vorsichtig zu sein, bis sich durch die Erfahrung zeigt, wie viele Textanzeigen vom Reklamebüro so bearbeitet werden können, daß jedesmal etwas Neues erscheint und die Leser sich daran gewöhnen, die Anzeigen der Firma zu suchen. Unterbleibt die regelmäßige Bearbeitung, so wird sich das Publikum schnell daran gewöhnen, über die Anzeigen wegzugehen, so daß sie nur noch als Schlagwortanzeigen wirken. Es ist dann richtiger, sich grundsätzlich dieser letzteren Form zuzuwenden, die weniger Arbeit macht und auch auf geringerem Raum, also mit niedrigeren Kosten, wirkungsvoll ausgestaltet werden kann.

Zu empfehlen ist demnach, wenn nicht aus besonderen Gründen ein anderes Vorgehen erforderlich scheint, beim Beginn einer planmäßigen Werbung zunächst für ganz wenige Anzeigen in den allerwichtigsten Zeitschriften einen größeren Raum zu nehmen. Diese sind als Textanzeigen eingehend und regelmäßig zu bearbeiten und in jeder Nummer verändert zu bringen, während in den übrigen Zeitschriften, die nicht vernachlässigt werden dürfen, gute Entwürfe von Schlagwort- oder Bildanzeigen gleichbleibend oder mit seltenen Änderungen wiederholt werden, bei geringem räumlichem Umfang. Gegebenenfalls kann auf die ausführlichen Textanzeigen, die an anderer Stelle erscheinen, verwiesen werden. Auf diese Weise ist es verhältnismäßig leicht möglich, nicht nur einen bestimmten Plan fest einzuhalten, sondern auch mit mäßigen Mitteln auszukommen.

Außer den engeren Fachzeitschriften sind die großen Zeitschriften allgemein technischen Inhalts, namentlich soweit sie Organe großer Vereine sind, keinesfalls zu vernachlässigen, denn sie sind unter den Ingenieuren der Werke ebenfalls verbreitet. Wichtig sind außerdem die Tageszeitungen, die als Hauptorgane in großen Industriezentren erscheinen, denn sie werden auch von den Leuten gelesen, die für wissenschaftliche Blätter keine Zeit oder kein Interesse haben. Außerdem wirkt eine gute technische Bildanzeige in einer Tageszeitung recht auffallend. Wichtig ist es, festzustellen, ob die betreffende Zeitschrift oder Zeitung im Auslande gelesen wird.

An Drucksachen sind Kataloge, die eine beschreibende Übersicht über die Erzeugnisse der Firma geben, meistens nicht gut zu entbehren. Es ist aber durchaus nicht erforderlich, daß diese Kataloge kostspielig und umfangreich und mit einem teueren Einband versehen sind, sondern es genügen auch Hefte geringeren Umfanges mit Umschlag aus Kartonpapier. Die Herausgabe von Broschüren, die ein neues Erzeugnis oder größere ausgeführte Anlagen beschreiben, geschieht am besten in regelmäßigen Zeitabschnitten.

Auf diese Weise sammelt sich mit der Zeit ein Vorrat von Drucksachen an, die den ausgehenden Angeboten beigefügt und von den Vertretern bei ihren Besuchen an die Kundschaft verteilt werden können. Ob die Broschüren auch in größerem Maßstabe besonders für sich versandt werden sollen, hängt von den zur Verfügung stehenden Mitteln ab und außerdem davon, ob das Publikum bereits durch Anzeigen in genügendem Maße erreicht wird. Eine gewisse regelmäßige Versendung, wenigstens an einen engen Kreis wichtigerer Firmen oder Persönlichkeiten, ist unbedingt zu empfehlen. Namentlich sollte man die Kunden, an die bereits von der Firma geliefert ist, regelmäßig bedenken. Sie haben von vornherein Interesse für die Fabrik und sind am ersten geneigt, modernere Einrichtungen,

In der Gesamtanordnung vortrefflich durchgeführtes Flugblatt. (Text auf S. 66.)

die ihnen angeboten werden, zu beschaffen oder das Werk weiterzuempfehlen. Das muß hier noch einmal besonders betont werden, da gut ausgeführte Lieferungen das stärkste Mittel der Reklame sind; es gilt nur, Mittel und Wege zu finden, um seine empfehlende Kraft wirksam zu machen. Eine regelmäßige ausgedehnte Versendung von Drucksachen an einen großen Kreis ist recht teuer, namentlich wegen des Portos.

Flugblätter kommen besonders als Zeitschriftenbeilagen für die Bearbeitung sehr großer Interessentenkreise in Frage, für welche die Einzelsendung von Broschüren zu kostspielig wird. Die Preise für Beilagen und die erforderliche Anzahl sind unter Angabe des Gewichtes des Flugblattes von den Zeitschriften einzuholen.

PLAKATE sind ein Reklamemittel für SEHR große Kundenkreise. Sie eignen sich namentlich für Bahnhofshallen und Wartesäle. Schön ausgeführte, eingerahmte Plakate, bei denen die Reklame nicht aufdringlich wirkt, können auch in großen Gasthöfen, in den Wartezimmern von Banken, Rechtsanwälten und dergleichen aufgehängt werden. Eine Plakatreklame in großem Umfange ist aber sehr teuer und wird meistens die Reklamekosten unzulässig erhöhen. Recht reichlich bringe man Firmenschilder an größeren ausgeführten Anlagen an, soweit diese von außen sichtbar sind. Die Schilder müssen dauerhaft und leicht lesbar sein. Soll die Schrift von fern her, z. B. von vorüberfahrenden Eisenbahnzügen oder von Straßen aus, gelesen werden können, so müssen die Schilder sehr groß sein, und sie stellen sich dann ziemlich teuer. Die notwendige Größe der Buchstaben ist unter Berücksichtigung der Entfernung auszuprobieren, ehe ein Auftrag erteilt wird. Gewöhnlich werden die Buchstaben mit schwarzer Ölfarbe auf weißgestrichene Holzschilder gemalt. Weiße Schrift auf schwarzem Untergrund ist weniger leicht zu lesen. Luftbuchstaben, die auf Drahtgeflecht befestigt sind, kommen ganz gut zur Wirkung, wenn sie sich schwarz gegen den hellen Himmel abheben. Weiße Buchstaben, die sich von einer dunklen Wand abheben sollen, verschmutzen in Fabrikgegenden leicht und wirken dann nicht mehr. Die Befestigung der Buchstaben an dem Drahtgeflecht muß sehr solide sein, da es recht häßlich aussieht, wenn einzelne Buchstaben verloren gegangen sind.

Die Geschenkreklame vernachlässige man nicht. Große Posten hierfür auszusetzen, gehört aber in das Gebiet des Luxus.

AUSSTELLUNGEN sind ziemlich teuer; außerdem muß die Ausführung sorgfältig studiert und durchgearbeitet werden, wenn die Ausstellung sich wirksam von der Masse des Gebotenen abheben soll, und der Reklameleiter muß deshalb viel Zeit darauf verwenden. Geringe Kosten verursachen Aufsätze in Zeitschriften und VORTRÄGE, eine Form der Propaganda, die gleichzeitig, wenn wissenschaftlich gehalten, im allgemeinen Interesse besonders erwünscht ist. Wenn ein geeigneter Reklameleiter vorhanden ist oder es gelingt, leitende Herren der technischen Büros zur Mitarbeit hierzu zu gewinnen, so pflege man diese Art der Propaganda nach besten Kräften. Voraussetzung ist, daß die Firma über wirklich interessante Neuerungen oder Erfahrungen zu berichten hat, und daß die auf S. 76 gegebenen Richtlinien gewahrt bleiben.

Was die HÖHE DER KOSTEN anlangt, so können feste Vorschriften selbstverständlich gar nicht gegeben werden. Je geringer die Mittel sind, mit denen der beabsichtigte Zweck erreicht wird, um so besser ist es für die Firma. Dieser Satz klingt selbstverständlich; er enthält aber die nicht oft genug auszusprechende Mahnung, mit allen Kräften dahin zu streben, daß die Mittel, die man anwendet und für die man bezahlt, nun auch SO WIRKSAM GEMACHT WERDEN, WIE ES ÜBERHAUPT MÖGLICH IST. Dazu gehört vor allen Dingen, daß die Geschäftsleitung sich nicht scheut, geistige Leistungen auf diesem Gebiete verhältnismäßig hoch zu bezahlen. Es ist sicher nicht übertrieben, daß durch geschickte Bearbeitung und tatkräftige Durchführung der Reklame mit gleichen Mitteln durchweg wenigstens das Doppelte zu erreichen sein wird, wie bei der bisher üblichen nebensächlichen Behandlung. Ist das aber richtig, so ist es auch nicht zu hoch gegriffen, wenn für die Leitung — gleichgültig ob man einen Reklameleiter fest anstellt oder einen unabhängigen Berater heranzieht — 10 oder 20 vH der gesamten Werbeausgaben als Gehalt bzw. Honorar ausgesetzt werden. In Wirklichkeit ergibt sich dabei immer noch eine sehr große Ersparnis. Auch an dieser Stelle sei noch einmal betont: DIE ORGANISATION DER REKLAME LÄUFT KEINESWEGS DARAUF HINAUS, DIE REKLAMEKOSTEN ANSCHWELLEN ZU LASSEN, SONDERN IHR ZIEL IST GRÖSSTMÖGLICHE SPARSAMKEIT. Die Sparsamkeit, die heute geübt zu werden pflegt, betätigt sich meistens am unrechten Orte; sie verzichtet bei der teueren Anzeige auf die sorgfältige Durcharbeitung des Textes und den eindrucksvollen Entwurf und erzielt daher nur den fünften oder zehnten Teil der erreichbaren Wirkung; sie wählt für eine Drucksache, für die hohe Klischee- und Satzkosten aufgewandt werden müssen, schlechtes Papier, so daß die Bilder nicht klar drucken und niemand es der Mühe für Wert hält, sich mit einem so kläglichen Erzeugnis überhaupt abzugeben, und dergleichen mehr.

3. ZULÄSSIGE HÖHE DER WERBEAUSGABEN

Etwas muß jede Firma für Werbung aufwenden, um beim großen Publikum nicht ganz in Vergessenheit zu geraten. Wie viel sie darüber hinaus ausgeben darf oder muß, hängt davon ab, welchen Mehrgewinn sie sich durch eine nachdrücklichere Werbung verspricht. Die Aufwendungen müssen natürlich immer niedriger als der zu erwartende Mehrgewinn sein. Durchaus nicht maßgebend ist der Umsatz, obwohl die Reklame scheinbar ihn allein zu beeinflussen vermag.

Zwar wird mit steigendem Umsatz im allgemeinen auch der Gewinn zunehmen; eine zielbewußte Werbung erreicht aber nicht auf diesem Wege allein ihr Ziel, sondern sie sucht auch DEN GEWINN IM VERHÄLTNIS ZUM UMSATZ zu erhöhen. Das kann auf verschiedene Weise geschehen. Einmal dadurch, daß durch die Reklame die Vorzüge eines Erzeugnisses in das richtige Licht gesetzt werden, so daß es möglich ist, höhere Preise zu erhalten, als bisher erzielt wurden. Weiter aber ist die Reklame in der Lage, einem bestimmten lohnenden Gegenstand, der von dem Wettbewerb überhaupt noch nicht oder nicht in ähnlicher Vollkommenheit und zu gleich niedrigen Preisen geliefert werden kann, einen sehr großen Umsatz zu verschaffen, der, sei es auch nur für einige Jahre, durch hohen Reingewinn das Erträgnis des ganzen Werkes wesentlich hebt, ohne daß der Gesamtumsatz allzusehr zu steigen braucht. Durch die Werbung wird ein solcher Gegenstand häufig überhaupt erst lebensfähig, weil die Anfertigung in kleinen Mengen sich nicht lohnen würde und erst der gesteigerte Umsatz eine eigentliche Massenherstellung ermöglicht, deren Folge dann wieder eine entsprechende Verbilligung bei hoher Güte ist.

Hieraus geht hervor, daß mit erhöhten Werbeausgaben vor allen Dingen bei solchen Fabriken Erfolge erzielt werden können, die in ihrer Gesamtarbeit, in ihrer ganzen Geschäftspolitik energisch und zielbewußt vorwärts streben.

Die Werbekosten gehören bei diesen Firmen zu den unmittelbar produktiven Ausgaben und bilden einen Teil der Gestehungskosten, der klar berechnet und eingesetzt werden kann, und der sogar sehr beträchtlich sein darf, solange er die Verkäuflichkeit des Erzeugnisses und den Gesamtgewinn erhöht. Auch volkswirtschaftlich genommen sind derartige hohe Werbeausgaben durchaus als produktiv anzusehen, weil sie dem Publikum dazu verhelfen, von einer wirtschaftlichen Vervollkommnung verhältnismäßig rasch Kenntnis zu erlangen und daraus Nutzen zu ziehen, während gleichzeitig das Erzeugnis infolge der Massenherstellung noch verbilligt wird.

Sehr viele Firmen werden innerhalb ihres Arbeitsgebietes bei scharfer Prüfung Gegenstände finden können, die sich im Zusammenhang mit einer tatkräftigen Werbung für eine lohnende Massenherstellung eignen. Meister hierin sind die amerikanischen Fabriken, die sich bekanntlich mehr als die europäischen Werke auf bestimmte Sondererzeugnisse einrichten, dabei viel mehr für Werbung ausgeben und besser zu verdienen pflegen. Hier bildet eben die Werbung, wie es sein muß, einen Teil der Gesamtorganisation und steht ebenbürtig neben der technischen und kaufmännischen Tätigkeit. DURCHGREIFENDE WERBETÄTIGKEIT, GROSSER UMSATZ, BILLIGE UND GUTE HERSTELLUNG UND HOHER VERDIENST STEHEN IN EINEM GANZ UNMITTELBAREN ZUSAMMENHANG.

Manche Firma wird in der besseren Organisation der Werbung — mag sie nun mit einer Erhöhung der Ausgaben verbunden sein oder nicht — einen Weg finden, der sie aus der

Randleiste eines Flugblattes der Gebr. Böhler & Co. A.-G., Gußstahlfabriken. Ausgezeichnete Wirl

unlohnenden Vielheit der Fabrikation herausführt und ihr die Möglichkeit gibt, sich auf einem lohnenden Sondergebiete auszudehnen und hier Vortreffliches zu leisten. Je größer die Firma bereits ist, um so schwieriger lassen sich naturgemäß die Grundlagen der Geschäftspolitik ändern. Anderseits stehen einer solchen Firma von vornherein größere Mittel zur Verfügung, um unter Heranziehung tüchtiger Kräfte rasch eine durchgreifende Organisation der Werbetätigkeit ausführen zu können.

Wie dem auch im einzelnen Falle sei, und wie hoch man immer die Werbekosten ansetzen zu können glaubt, auf jeden Fall ist es verfehlt, diese Ausgaben als unproduktiv zu bezeichnen und der Reklame demnach eine verhältnismäßig niedrige Stellung anzuweisen. Unproduktiv sind nur die Ausgaben, die keinen bestimmten wirtschaftlichen Zweck verfolgen. In dieser Weise unproduktiv können Ausgaben auf allen Gebieten sein. Wie aber Beamte angestellt werden müssen, die Zeichnungen zu machen haben, wie Gebäude zu errichten sind, in denen diese Beamten arbeiten können, ebenso gut muß auch das Publikum darüber belehrt werden, was die Fabrik anfertigt, und inwiefern der Käufer Vorteile hat, wenn er die Erzeugnisse der Firma wählt. Sonst kann die Fabrik überhaupt nicht arbeiten, und dann sinken gerade die Beamtengehälter und Bürokosten zu unproduktiven Ausgaben herab.

Es kommt also darauf an, im einzelnen Falle unter Berücksichtigung der gesamten Verhältnisse des Unternehmens richtig abzuschätzen, was für die Werbung getan werden darf und muß. Naturgemäß verhält die Leitung einer Fabrik, der eine wohlorganisierte und auf ein bestimmtes Ziel losstrebende Reklame etwas Neues ist, sich zu Anfang reichlich konservativ. Was aber unbedingt gefordert werden muß, ist, daß der Leiter des Werkes nicht die verhältnismäßig geringen Ausgaben für eine intelligente, tatkräftige Oberleitung der Reklame scheut, denn er kann nur so in der Werbung den notwendigen hohen Wirkungsgrad erreichen, und außerdem kann er nur mit Hilfe einer Reklameleitung, die planmäßig und unter Beachtung der Gesamtinteressen des Geschäftes vorgeht, dahin ge-

r Farbe. Wirkungsvoll auch rhythmische Wiederholung des gleichen Motivs. (Text auf S. 66.)

langen, daß er sich ein sicheres Urteil über die Produktivität der aufgewendeten Beträge und über die Zweckmäßigkeit einer Erhöhung oder Verringerung der Werbeausgaben bildet.

4. BEISPIEL FÜR EINEN KOSTENVORANSCHLAG

Im Folgenden ist unter Zugrundelegung der Verhältnisse vor dem Kriege[1]) ein Beispiel für die Aufstellung eines Kostenvoranschlages gegeben. Dabei liegt die Annahme zu Grunde, daß es sich um eine MASCHINENFABRIK VON z. Z. 3 000 000 M UMSATZ handelt, die bisher etwa 250 000 M jährlich verdiente. Die Fabrik verfügt über moderne, verbesserte Konstruktionen, die denen des Wettbewerbes in gewissen Punkten überlegen und namentlich auch vom Standpunkt der Herstellung aus zweckmäßig durchgearbeitet

[1]) Die Kosten für Materialien, Gehälter usw. schwanken gegenwärtig derart, daß ein auf Grund der heutigen Verhältnisse aufgestelltes Beispiel überhaupt kein Bild gäbe. Dagegen wird es keine Schwierigkeiten machen, die nachstehend gegebenen Zahlen durch die jeweils gültigen Werte zu ersetzen.

sind, und wünscht mit diesen Erzeugnissen ein verstärktes Geschäft zu machen, um durch Massenherstellung die Gestehungskosten des einzelnen Stückes zu verbilligen. Die Werkstätten sollen nach Möglichkeit hiermit beschäftigt werden. Sobald ein genügender Umsatz erzielt ist, wünscht man andere Erzeugnisse, die nicht mehr recht lohnend sind, aufzugeben. Da der Inlandmarkt voraussichtlich nicht aufnahmefähig genug ist, soll auch ein Teil des Auslandes, in dem Vertretungen bereits bestehen, stärker bearbeitet werden. Es liegt die Möglichkeit vor, auf diese Weise den Umsatz auf 4 000 000 M und den Reingewinn auf 400 000 M zu heben, ohne daß neues Kapital eingebracht zu werden braucht.

Dies sind Gesichtspunkte, die es rechtfertigen, daß das Werk in bezug auf Reklame energische Anstrengungen macht und dafür erhebliche Mittel einsetzt. Es sei jedoch einmal angenommen, daß die Fabrikleitung konservativ ist und lieber mit einem langsameren Eintreten des Erfolges rechnet, als daß sie Aufwendungen macht, die sich möglicherweise nicht bezahlt machen könnten.

Rechnet man, daß der Reingewinn von 400 000 M im dritten Geschäftsjahr erreicht wird und bis dahin gleichmäßig steigt, so würde er im ersten Jahr 300 000 M, im zweiten 350 000 M betragen, und es ergäbe sich also gegenüber dem bisherigen Gewinn in diesen drei Jahren ein Mehr von 300 000 M. Hiervon wäre dann noch der Mehrbetrag für Werbung abzuziehen. Wenn bisher die Reklameausgaben vielleicht 15 000 M betrugen, so erscheint es jedenfalls ganz unbedenklich, sie jährlich um 25 000 M zu erhöhen, wenn damit eine Gewinnvermehrung zu erzielen ist, die sich in drei Jahren nach Abzug der Mehrkosten für Werbung auf 225 000 M stellt. Selbst wenn der Plan nicht in dem Umfang sein Ziel erreichen sollte, so ist doch unter den geschilderten Umständen auf alle Fälle so viel mehr Verdienst zu erwarten, daß die Werbekosten gedeckt werden, und die Geschäftsleitung darf demnach die Verantwortung auf sich nehmen. Zu berücksichtigen ist ja auch noch, daß weiterhin, nach Ablauf der angenommenen Zeit, in jedem Jahre der volle Mehrgewinn zu erwarten ist, selbst wenn dann die Werbung etwas nachläßt. Schließlich darf man die moralische Wirkung auf die Beamten des Werkes nicht vergessen, die ganz anders freudig arbeiten, wenn sie sehen, daß das Geschäft nicht stillsteht, sondern daß von seiten der Leitung energische Anstrengungen zu seiner Hebung gemacht werden.

Vorausgesetzt wird natürlich, daß der Markt aufnahmefähig ist. Darüber kann dann kein Zweifel sein, wenn eine Reihe anderer bedeutender Firmen auf demselben Gebiete arbeiten.

Um die verfügbaren 40 000 M richtig zu verteilen, ist eine genaue Kenntnis aller Verhältnisse notwendig. Die Annahmen des Beispiels sind also als willkürlich anzusehen; die Posten können in ihrem Verhältnis zueinander stark geändert werden. Das Beispiel soll nur zeigen, wie ein solcher Voranschlag überhaupt aussehen kann. Angenommen ist noch, daß die Gesamtzahl von Adressen, an welche die Drucksachen verschickt werden sollen, sich auf ungefähr 6000 beläuft.

KOSTENVORANSCHLAG FÜR DAS GESCHÄFTSJAHR (1914)[1].

Anteil am Gehalt für den Reklameleiter	4 500 M
Gehalt für einen Assistenten	2 400 „
Gehalt für eine Dame als Stenotypistin und Bürogehilfin	1 200 „
Herstellung von Photographien	1 000 „
	9 100 M

[1]) Unter Zugrundelegung der Verhältnisse vor dem Kriege. Vgl. die Fußnote auf S. 135.

Starke Wirkung der Farbe. (Entladeanlagen nach Bauart der Firma „Rheinmetall", Rheinische Metallwaren- und Maschinenfabrik, Düsseldorf-Derendorf.) (Text auf S. 66.)

Übertrag:	9 100 M
Herstellung von Druckstöcken einschl. Retusche	1 000 „
Anzeigen in Fachzeitschriften und Kalendern	9 000 „
Anzeigenentwürfe von außerhalb	500 „
3000 Kataloge im Jahr in drei Sprachen	2 000 „
12 kleine Broschüren im Jahr (monatlich eine) in drei verschiedenen Sprachen, Gesamtauflage einer Drucksache 10 000	4 000 „
Versand nach dem In- und Ausland einschließlich Umschläge, Adressensammeln und Adressenschreiben	5 000 „
Ausstellungen und Modelle dafür	4 000 „
Geschenke	500 „
Bürounkosten	1 000 „
Dispositionsfonds	3 900 „
	40 000 M

Zu den einzelnen Posten ist folgendes zu bemerken.

Das Einkommen des Reklameleiters kann im vorliegenden Falle etwa in der Weise geregelt werden, daß er 5 000 M fest erhält, außerdem $^1/_2$ vT vom Umsatz und $^1/_2$ vH vom Nettogewinn. Das ergibt bei den bisherigen Verhältnissen $5000 + 1500 + 1250 = 7750$ M. Steigen Umsatz und Gewinn in der erwarteten Weise, so würde das Einkommen sich im dritten Geschäftsjahr auf 9100 M belaufen, während die Möglichkeit einer weiteren Steigerung einen starken Anreiz bildet. Bei solchen Einkommensverhältnissen konnte man vor dem Kriege damit rechnen, einen Herrn von guter Allgemeinbildung und sicherem Auftreten zu erhalten, der auch auf den weniger gewöhnlichen Wegen, mit Aufsätzen und Vorträgen, seine Firma wirkungsvoll unterstützen kann und neue Mittel für die Werbung zu finden weiß.

Entsprechend der wiederholt aufgestellten Forderung, daß der Reklameleiter auch anderweitig beschäftigt werden soll, ist der Anteil seines Gehaltes, der auf die Reklame entfällt, mit 4500 M eingesetzt worden.

Da als Vertreter des Reklameleiters nur ein Herr angestellt werden darf, der Initiative besitzt, allgemein gebildet ist und einige Sprachkenntnisse hat, so darf für ihn keinesfalls ein geringeres Vorkriegsgehalt als 200 M im Monat angenommen werden. Auch die Gehilfin ist nicht zu niedrig zu bezahlen, da sie nicht, wie eine einfache Stenotypistin, rein mechanisch arbeiten kann. Für beide ist für die folgenden Jahre eine Erhöhung des Gehaltes aus dem Dispositionsfonds in Aussicht zu nehmen.

Wird angenommen, daß eine brauchbare Photographie sich im Durchschnitt auf 12 M stellt, was angesichts der Menge an unbrauchbarem Material, das von den Photographen einzugehen pflegt, nicht zu hoch gerechnet ist, so kommen etwa 80 gute Bilder heraus. Damit erhält man genug für die Kataloge und Broschüren und ist in der Lage, auch einige solche Anlagen photographieren zu lassen, die nicht in den Drucksachen dargestellt werden sollen, sondern deren Bilder lediglich von den Beamten und Vertretern bei den Verhandlungen mit Kunden verwendet werden.

Der Posten für Druckstöcke kann vermutlich erniedrigt werden, wenn nur die Drucksachen mit Abbildungen auszustatten sind und für Anzeigenklischees kein großer Betrag aufzuwenden sein sollte. Was Anzeigen anlangt, so sei noch besonders darauf hingewiesen, daß es notwendig ist, gute Ideen für Entwürfe zu suchen und diese angemessen zu bezahlen. Es erscheint durchaus gerechtfertigt, nötigenfalls im ersten Jahr aus dem für Anzeigen angesetzten Betrag oder dem Dispositionsfonds die Summe für Anzeigen-

Flächenhaft gehaltenes Plakat von außerordentlich starker Wirkung. (Text auf S. 70.)

entwürfe noch wesentlich zu erhöhen, handelt es sich doch darum, die für Anzeigen ausgesetzte Summe von 9000 M wirklich nutzbar und gewinnbringend zu machen.

Die Kataloge werden in der Regel gleich für mehrere Jahre gedruckt, so daß gegebenenfalls die Beträge, die für die folgenden Jahre ausgeworfen werden müßten, schon im ersten Jahre zur Auszahlung gelangen. Das Exemplar würde bei den Annahmen, die gemacht sind, auf nahezu 70 Pfennig kommen. Hierfür läßt sich bei der zu Grunde gelegten Auflage ein hübsch gebundener und tadellos ausgestatteter kleiner Katalog herstellen, allerdings ohne die Klischees, die schon oben verrechnet waren. Den fremdsprachigen Druck bereite man, um an Satzkosten zu sparen, in der Weise vor, daß der Text ohne Änderung der Klischees und der Gesamtanordnung der Seiten an die Stelle des deutschen Textes gesetzt werden kann. Auf einzelnen Seiten wird man allerdings die Klischees auswechseln müssen, um Bilder aus dem betreffenden Lande zu zeigen. Ein anderer Weg ist der, den Katalog mehrsprachig herzustellen.

Die kleinen Broschüren sind vierseitig gedacht, Papier und sonstige Ausführung nicht so anspruchsvoll, wie bei dem Katalog, aber immerhin vornehm. Bei der Berechnung des Versandes ist angenommen, daß bei der Versendung nach dem In- und Ausland für das Exemplar im Durchschnitt ein Betrag von 7 Pfennig zu rechnen ist. Das Porto für die laufende Versendung mit Angeboten usw. fällt ebensowenig wie das Porto für Kataloge der Reklame zur Last.

Die Beträge für Ausstellungen und Modelle, Geschenke und Bürounkosten sind ziemlich willkürlich angenommen. Der Ausstellungsposten ist nicht hoch, da wohl nicht in jedem Jahr eine Ausstellung zu beschicken sein wird.

Oben wurde schon mehrfach angedeutet, welche Beträge dem Dispositionsfonds entnommen werden können. Außerdem kommen in Frage Ausgaben für ausführlichere Broschüren, die besonders wichtige Neuerungen behandeln und außer der Reihe hergestellt werden müssen, Flugblätter, Briefbeilagen, Beiträge zu den Reisekosten des Reklameleiters, Aufwendungen für Vorträge, Ausgaben für die Einführung und besondere Unterstützung neuer Vertreter und dergleichen mehr. Wenn der Reklameleiter ein Neuling ist, so wird es sich empfehlen, einen erheblichen Betrag aus dem Dispositionsfonds für einen Sachverständigen aufzuwenden, der bei der Aufstellung des Planes behilflich ist, das Büro organisiert, den Reklameleiter mit den Bezugsquellen vertraut macht, ihn in die Drucktechnik einführt und bei der Aufgabe der Anzeigen usw. berät, und der wenigstens während des ersten Jahres die Reklame ständig überwacht. Da die Früchte einer solchen Beratung dauernd erhalten bleiben und von vornherein unter Vermeidung von Fehlern zielbewußt gearbeitet werden kann, so werden sogar ziemlich hohe Honorare für den Sachverständigen sich bezahlt machen; ein Neuling im Werbefach tappt zunächst im Dunkeln und kann erst durch viele Mißerfolge den richtigen Weg finden.

Wenn hier mit einem Gesamtbetrage von 40 000 M gerechnet ist, so soll damit nicht gesagt sein, daß nicht auch ein wesentlich höherer Betrag sich noch bezahlt machen würde. Ist der Markt groß genug, und können nötigenfalls Kapitalerhöhungen vorgenommen werden, so steht nichts im Wege, noch weit energischer vorzugehen und den Umsatz rascher zu steigern. Oben sind, wie hier nochmals ausdrücklich betont sei, in jeder Hinsicht konservative Annahmen gemacht.

Es ist übrigens selbstverständlich, daß wegen der Konjunkturschwankungen mit so gleichmäßigen Zahlen für Umsatz und Gewinn, wie oben vorausgesetzt, nicht gerechnet werden kann. Das tut aber dem, was mit dem Beispiel gezeigt werden soll, keinen Abbruch. Man setze bei Konjunkturschwankungen keinesfalls erst dann mit der Propaganda ein, wenn die Geschäftslage bereits günstig ist, sondern bereite die Werbung und im Zusammenhang damit die Fabrikation zum mindesten schon während des Tiefstandes in allen Stücken vor.

Während in dem Beispiel der Fall angenommen war, daß die Werbeausgaben wesentlich erhöht wurden, kann es, wie schon wiederholt betont, auch möglich sein, durch geschickte Handhabung der Reklame in Verbindung mit anderen organisatorischen Maßnahmen unter Herabsetzung der Werbeausgaben doch eine Erhöhung des Gewinnes zu erzielen. Das ist namentlich der Fall bei Werken, die auf verschiedenen Gebieten arbeiteten und gezwungen waren, für alle ihre Erzeugnisse Reklame zu entfalten. Wenn die Geschäftsleitung es versteht, durch Konzentrierung der Reklame auf ein besonders lohnendes Gebiet, auf dem sie auch bezüglich Konstruktion und Herstellung voran ist, dem Werke die erforderliche Beschäftigung zu sichern, so ist sie bald in der Lage, ihre Werbeausgaben erheblich zu vermindern.

Stets bedarf es jedoch einer sehr verständnisvollen Reklameleitung, die nicht nur für eindrucksvolle Anzeigen zu sorgen weiß, sondern ihre Kraft bewußt in den Dienst einer klar vorgezeichneten Geschäftspolitik stellt. Dies muß immer und immer wieder hervorgehoben werden, weil hier der Kernpunkt der ganzen Frage liegt und letzten Endes der ganze Erfolg von der richtigen Wahl der Persönlichkeit und der richtigen Organisation abhängig ist.

ANHANG

NEUE WEGE

Die heutige Werbung legt den Hauptnachdruck auf die Erregung der Aufmerksamkeit und das Zustandekommen des Kaufentschlusses; verhältnismäßig wenig Beachtung findet dagegen die Beeinflussung des GEDÄCHTNISSES. Das Einhämmern des Firmennamens, das Verteilen von Reklamegeschenken, die für den täglichen Gebrauch bestimmt sind, sollen zwar in dieser Richtung wirken. Aber es wird nicht PLANMÄSSIG dahin gearbeitet, alles wertvolle Material, das von den Firmen mit hohen Kosten gedruckt und verteilt wird, so einzurichten, daß die Aufbewahrung erleichtert und ein genügender Anreiz hierfür gegeben ist. Hier haben nun Maßnahmen der allerneuesten Zeit Wege eröffnet, die gerade für die Maschinenindustrie größter Beachtung wert erscheinen[1]). Der Übersichtlichkeit halber ist im Folgenden auf einiges schon früher Erörterte erneut hingewiesen.

1. BENUTZUNG DER PAPIERNORMEN

Eine Anzahl großer Firmen, die über eine gut organisierte Reklame verfügen, haben sich schon seit einer Reihe von Jahren ihre eigenen Normalformate geschaffen und Sammelmappen entsprechenden Formates an ihre Kunden verteilt. Besonders für die Firmen, die eigene Zeitschriften herausgeben, liegt dieses Verfahren nahe. Der regelmäßige Empfänger der Drucksachen einer solchen Firma erhält dadurch allmählich ein

[1]) Vgl. „Neue Wege der Werbung im Maschinenbau", Zeitschrift „Maschinenbau". Abt. Wirtschaft, vom 26. August 1922; „Das Kleinflugblatt", Technische Rundschau des Berliner Tageblattes vom 18. Oktober 1922.

umfangreiches Nachschlagewerk, in dem er sich vorkommendenfalls Auskunft über Art und Preis bestimmter Erzeugnisse holen kann.

Die in den allerverschiedensten Formaten erscheinenden Drucksachen anderer Firmen zu sammeln, ist dagegen eine wenig angenehme Aufgabe. Man kann wohl Flugblätter oder kleine Hefte in Schnellheftern unterbringen, aber die Sammlung wird stets ungeordnet und unübersichtlich sein, so daß der Anreiz zum Sammeln gerade für den Ordnung liebenden Mann nicht allzu groß ist. Es muß daher vom Standpunkt einer planmäßigen Werbung aus als ein gar nicht hoch genug zu schätzendes Verdienst des Normenausschusses der Deutschen Industrie[1]) bezeichnet werden, daß er die Frage der Papiernormung zu einem endgültigen Abschluß gebracht hat. Wie schon auf S. 61 erwähnt, sind die für Werbezwecke wichtigen Größen aus der in erster Linie zu verwendenden Reihe A (Dinorm 476):

A 4, Viertelbogen, 210 × 297 mm,
A 5, Blatt, 148 × 210 mm,
A 6, Halbblatt, 105 × 148 mm.

Die Größe A 4 entspricht in der Breite dem sog. „Folioformat", in der Höhe etwa dem bisher üblichen Geschäftsbriefbogen und geht nach keiner Seite über die bisherigen Formate hinaus, so daß die Normalblätter in den vorhandenen Ordnern und Schnellheftern untergebracht werden können.

Für die meisten stärkeren Druckschriften wird das mittlere Format, 148 × 210 mm, zu verwenden sein, das hoch und quer genommen werden kann. Die kleinste Größe, 105 × 148 mm, ist ein bequemes Taschenformat. Diese beiden Größen werden sich ohne Zweifel mit der Zeit auch für Flugblätter einführen, sobald die T.W. Karteien (s. unten) weitere Verbreitung gefunden haben.

Wichtig ist, daß das Normalformat auch für Anzeigen mit Vorteil verwendet werden kann. Die Zeitschriften haben zwar heute meist ein größeres Format. Es ist aber nur erforderlich, an zwei Seiten eine Linie vorzudrucken, die anzeigt, wo das Blatt abzutrennen ist, damit der Ausschnitt dem Normalformat entspricht. Man wird dann darauf rechnen dürfen, daß inhaltlich wertvolle Anzeigen von einem großen Teil der Empfänger aufbewahrt werden.

2. DIE T.W. KARTEI UND DIE T.W. LEHRMITTELZENTRALE (TWL)

Auf die Papiernormung stützen sich die von der Technisch-Wissenschaftlichen Lehrmittelzentrale[2]) durchgebildeten Karteien, in denen alles technisch-wissenschaftliche Material planmäßig gesammelt werden kann. In diesen technisch-wissenschaftlichen Karteien (T.W. Karteien) können sich unter einem Stichwort oder einer Klassifikationsziffer u. a. zusammenfinden:

TWL-Referatenblätter, wie sie von der Lehrmittelzentrale herausgegeben werden;
Auszüge aus Zeitschriften, Büchern und Patenten;
Ausschnitte aus Zeitschriftenschauen;
Wertvolle Werbeflugblätter, andere Drucksachen und Anzeigen;
Photographien;
Interne Versuchs- und Betriebsberichte eines Werkes;
Private wissenschaftliche Notizen.

---

[1]) Berlin NW 7, Sommerstraße 4a.

[2]) Berlin NW 87, Huttenstraße 12/16. Vgl. Zeitschrift des Vereines deutscher Ingenieure Nr. 1 vom 7. Januar 1922; „Stahl und Eisen" Nr. 1 vom 5. Januar 1922.

Durch die Karteien wird erreicht, daß alles, was auf einem bestimmten Gebiet schon von anderer Seite oder im eigenen Betriebe geleistet ist, in jedem Augenblicke zur Verfügung steht; der nächste Bearbeiter soll also da anfangen können, wo der vorige aufgehört hat. In der Praxis ist es ja leider die Regel, daß die Berichte über Betriebserfahrungen in den Akten des betreffenden Kunden verschwinden, so daß es ein reiner Zufall ist, wenn dieses unter Umständen ungeheuer wertvolle Material in einem späteren ähnlichen Fall noch einmal zum Vorschein kommt. Man ist völlig von dem Gedächtnis der betreffenden Persönlichkeit abhängig, mit deren Ausscheiden eine große Summe von Erfahrungen, obwohl schriftlich niedergelegt, einfach verloren gehen kann.

Wenn solche Berichte, nachdem sie nötigenfalls noch entsprechend redigiert sind, gesammelt und richtig geordnet werden, so können sie eines der wirksamsten Mittel des technischen Fortschrittes für ein Werk sein und gleichzeitig einen Grundstock für die karteimäßige Aufbewahrung alles anderen oben angeführten Materials bilden. Hinweiskarteien, die nur angeben, an welchen Stellen das Material zu finden ist, ohne selbst ausführliche sachliche Angaben zu enthalten, werden erfahrungsgemäß nicht in einem der Bedeutung der Aufgabe entsprechenden Maße benutzt, weil die Beschaffung der Originalunterlagen zuviel Mühe und Zeitverlust zu verursachen pflegt. Von der TWL werden für den Handgebrauch Karteien empfohlen, in welche Blätter von der Größe 105 × 148 mm, aufrecht stehend, einzuordnen sind. Man kann aber auch die bei den Organisationsfirmen üblichen Karteien für Karten in der Größe 100 × 150 mm benutzen, indem man die Karten quer stellt. Die Leitkarten sind in diesem Falle 5 mm höher zu nehmen, als sonst gebräuchlich.

Diese Karteien werden als bestes Aufbewahrungsmittel für Druckschriften auch der Werbung in hervorragendem Masse zugute kommen.

Für ihre eigenen Referatenblätter (TWL-Blätter) hat die Lehrmittelzentrale eine bestimmte Form ausgebildet. Soweit solche Blätter auf Grund von Unterlagen hergestellt werden, die aus der Industrie geliefert sind, fertigt die Lehrmittelzentrale für die Firmen Sonderdrucke an und übernimmt auch deren Verteilung in Industriekreisen und an den technischen Lehranstalten. Ein solches gut durchgearbeitetes, unter Verantwortung der TWL erscheinendes Blatt bildet zweifellos eine der vornehmsten Formen der Werbung und erfüllt dazu noch die wichtige Aufgabe, Material für Unterrichtszwecke zu liefern. Die Rückseite des Blattes kann unter Umständen für eine auffallend wirkende Anzeige benutzt werden. Bei Werbeblättern, die unter eigener Verantwortung der Firmen erscheinen, steht es diesen natürlich frei, eine beliebige Ausführung zu wählen; nur sollten außer Einhaltung des Normalformates die für das Ablegen und Wiederauffinden wichtigen Angaben in der linken oberen Ecke des Blattes angebracht sein[1]). Je wertvoller der Inhalt ist, je mehr sachliche Angaben er bringt, um so stärker ist natürlich der Anreiz zum Aufbewahren des Blattes.

Erwähnt sei noch, daß die TWL-Blätter regelmäßig den Fachzeitschriften und Tageszeitungen zur Verwertung des Inhaltes zugestellt werden.

Auch Hefte (Broschüren) im Format 105 × 148 mm lassen sich ohne weiteres in die Karteien abstellen. Größere Hefte (148 × 210 mm) sind zweckmäßig von vorn-

---

[1]) Nähere Angaben über das Zusammenarbeiten von Firmen mit der Lehrmittelzentrale enthält TWL-Blatt 1210: TWL-Merkblatt, zu beziehen von der Normenvertriebsstelle, Berlin NW 7, Sommerstraße 4a, zum Preise der Normblätter. Vgl. auch die von der TWL erhältlichen Beispielsblätter: TWL 425 (Deutsche Petroleum-Akt.-Ges.), Universal-Lagermetall „Thermit" (Tego-Handelsgesellschaft), Absperr-Schieberventile System Fischbach (Schäffer & Budenberg).

herein so auszuführen, daß sie in den Umschlag, der die halbe Größe, d. h. die Größe des Karteiblattes hat, bequem eingefaltet werden können.

Die Zeichnungen für Abbildungen in Werbedrucksachen sollten stets so ausgeführt werden, daß sie auch für die Herstellung von Diapositiven nach den Leitsätzen der TWL benutzt werden können[1]).

3. INTERNATIONALE DEZIMAL-KLASSIFIKATION (DK)

Für die Sammlung von Material, das aus den verschiedensten Quellen stammt, ist ein einheitliches Verfahren der Registrierung dringend notwendig. Stichwort-Verzeichnisse lassen sich nicht einheitlich gestalten und am allerwenigsten international verwenden. In der Tat weisen bereits die deutschen Zeitschriften und Büchereien eine Fülle der allerverschiedensten Bezeichnungen für einen Gegenstand auf, so daß der nicht Eingeweihte die größten Schwierigkeiten hat, vollständiges Material zu finden.

Als allgemein verwendbar kommt nur die Internationale Dezimal-Klassifikation (DK) in Frage, die ursprünglich von dem Amerikaner Dewey aufgestellt und von dem Brüsseler Bibliographischen Institut weiter ausgebildet ist. Für Deutschland liegt die Einführung des Systems in den Händen von Dr.-Ing. LASCHE, Berlin. Für das Gebiet der Technik ist die Ausarbeitung in deutscher Sprache der TWL übertragen worden, die Einzelblätter über die Hauptgebiete herausgibt und das System auch für die T.W. Karteien und ihre sonstigen Arbeiten verwendet. Im Ausland ist das DK-System bereits stark verbreitet; neuerdings macht auch die Einführung in Deutschland rege Fortschritte. Es ist vielleicht nur eine Frage der Zeit, daß für das Gebiet der Technik die allgemeine Annahme erfolgt.

Es empfiehlt sich daher, auf allen Drucksachen die DK-Ziffern, die von der Lehrmittelzentrale zu erfahren sind, anzubringen, damit die Registrierung beim Empfänger selbsttätig und in richtiger Weise vor sich geht.

---

[1]) Auf S. 80 wurde bereits auf die „Leitsätze für Vortragswesen und Lehrmittel" hingewiesen; vgl. auch TWL 1143: „Leitsätze für TWL-Lichtbilder". Die Schaffung zentraler Lichtbildsammlungen an technischen Lehranstalten und bei den „Technisch-Wissenschaftlichen Vortragswesen", die der Ingenieurfortbildung dienen, befindet sich in Vorbereitung.

TECHNISCHES DENKEN UND SCHAFFEN. Eine gemeinverständliche Einführung in die Technik. Von Professor Dipl.-Ing. G. v. HANFFSTENGEL, Charlottenburg. Dritte, durchgesehene Auflage. 9.—16. Tausend. Mit 153 Textabbildungen. 1922. Gebunden GZ. 4

Aus den zahlreichen Besprechungen der früheren Auflagen:

... In der Tat wird nicht nur der junge wie der erfahrene Ingenieur das Buch mit Freude, Vorteil und Erbauung lesen, auch jeder Fernerstehende wird aus ihm einen weitgehenden und für die Fragen unserer Zeit so unbedingt notwendigen Einblick gewinnen können in die Gedankenarbeit und die Methoden technischer Berufe und ihrer Schöpfungen. Der Erfolg eines solchen Studiums wird für jeden um so größere Werte zeitigen, als sich der Verfasser freihält von jeder theoretisch-mathematischen Behandlung seiner Probleme und seine Ausführungen sogar für jeden vorwärtsstrebenden Arbeiter wohl verständlich sind. — Das Werk vermittelt einen ungeahnten Reichtum an technischen Ideen und wird somit für weitere Kreise ein wertvollster Produktionsfaktor werden können. Gerade in der Jetztzeit, in der die deutsche Welt, um ihren Wiederaufbau in die Wege zu leiten, technisches Denken und technische Ideen in hohem Grade notwendig hat, kommt das Hanffstengelsche Buch zu rechter Zeit. Möge es in weitere Kreise unseres Volkes dringen zu dessen Nutz und Frommen. *„Der Bauingenieur."*

... Unsere Zeit, die nach einer solchen Einführung in das Wesensgebiet des technisch Denkenden verlangt, hat dieses Buch begehrlich aufgenommen. Ohne den Leser mit dem wissenschaftlichen Handwerkszeug des Technikers zu beschweren, führt ihn Hanffstengel in die Grundgedanken technischen Schaffens ein und bringt ihn zu dem dem Techniker eigenen anschaulichen Denken. Nicht der Techniker, sondern in erster Linie der Gelehrte, jene Kreise, die in der Technik noch nicht die kulturfördernde Macht sehen, sollten dies Buch lesen, damit sie erst einmal einen Begriff von dem Wesentlichen der Technik bekommen, ehe sie über sie urteilen. Wir haben hier bei dem Erscheinen schon über dies Werk gesprochen und können nur wiederholen, daß ein jeder, der Anspruch auf allgemeine Bildung machen will, auch mit dem sich vertraut gemacht haben muß, was den Inhalt dieses Buches bildet. *„Das Technische Blatt der Frankfurter Zeitung."*

DIE FÖRDERUNG VON MASSENGÜTERN. Von Professor GEORG v. HANFFSTENGEL, Charlottenburg. Erster Band: Bau und Berechnung der stetig arbeitenden Förderer. Dritte, umgearbeitete und vermehrte Auflage. Mit 531 Textfiguren. 1921. Gebunden GZ. 11

Aus den zahlreichen Besprechungen:

Das Werk, welches nunmehr in seiner dritten Auflage vorliegt, kann trotz seines im Vergleich zu anderen Werken ähnlichen Inhaltes, bescheidenen Umfanges als das klassische Werk über Massenförderung bezeichnet werden. Der Konstrukteur findet darin alle Einzelheiten und Konstruktionselemente der Massenförderung, ferner ein außerordentlich reichhaltiges Material an Versuchswerten und praktischen Erfahrungszahlen, welche ihm bei Feststellung des Kraftbedarfs, Dimensionierung der Antriebe und Dimensionierung der Fördermittel selbst die besten Dienste leisten. Das Werk wird auch den Anlagebesitzern bei Projektierung von Neuanlagen zur allgemeinen Information die besten Dienste leisten, weil es trotz der erwähnten genauesten Darstellung aller Einzelheiten auch einen Überblick über das ganze Gebiet leicht ermöglicht. *„Elektrotechnik und Maschinenbau."*

Zweiter (Schluß-) Band: Förderer für Einzellasten. Dritte Auflage. In Vorbereitung.

BILLIG VERLADEN UND FÖRDERN. Eine Zusammenstellung der maßgebenden Gesichtspunkte für die Schaffung von Neuanlagen nebst Beschreibung und Beurteilung der bestehenden Verlade- und Fördermittel unter besonderer Berücksichtigung ihrer Wirtschaftlichkeit. Von Prof. Dipl.-Ing. G. v. HANFFSTENGEL. Dritte Auflage. In Vorbereitung.

Die Grundzahlen (GZ.) entsprechen den ungefähren Vorkriegspreisen und ergeben mit dem jeweiligen Entwertungsfaktor (Umrechnungsschlüssel) vervielfacht den Verkaufspreis. Über den zur Zeit geltenden Umrechnungsschlüssel geben alle Buchhandlungen sowie der Verlag bereitwilligst Auskunft.

Berichtigung.

Die Abbildungen auf den Seiten 134/135 sind einem Flugblatt der Firma JOHANN C. BLECKMANN, MÜRZZUSCHLAG, NICHT einem solchen der Gebr. Böhler & Co. A.-G. Gußstahlfabriken, entnommen. — Entwurf von Willi Roerts, Hannover.